AQUARIUS

AQUARIUS

AQUARIUS

AQUARIUS

Vision

一些人物，
一些視野，
一些觀點，
與一個全新的遠景！

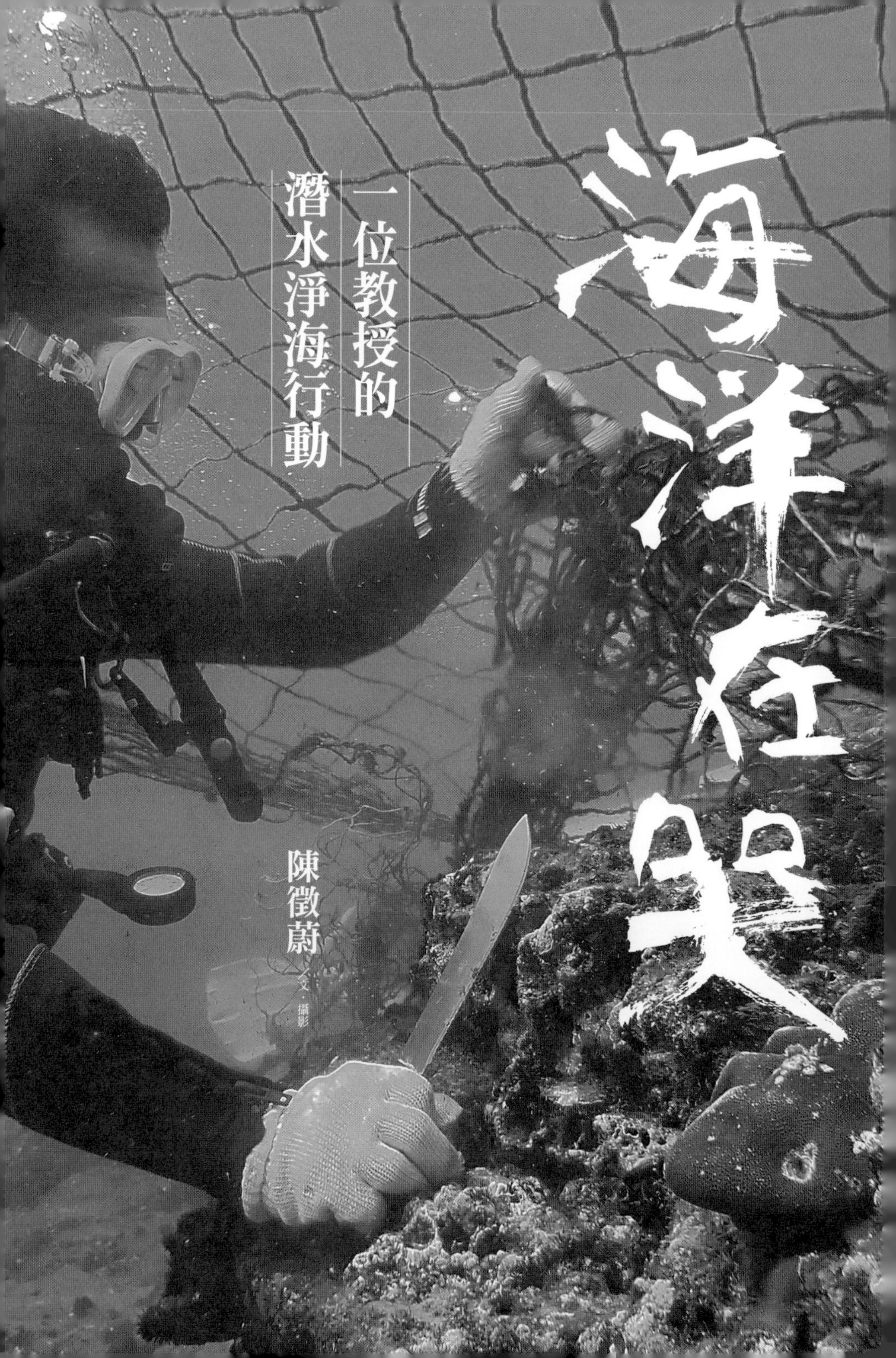
海洋在哭
一位教授的潛水淨海行動
陳徵蔚／文．攝影

獻給父親、二〇二三年逝世的母親、深愛的妻子，以及一起奮鬥的夥伴們。

他們都一致推薦

專文推薦——

張卉君（作家、黑潮海洋文教基金會董事）

陳玉敏（台灣動物社會研究會副執行長）

麥覺明（生態紀錄片導演）

心疼推薦——

李偉文（荒野保護協會榮譽理事長）

郝譽翔（國立台北教育大學語創系教授）

郭芙（海湧工作室副執行長）

陳琦恩（台灣潛水執行長）

陳盡川（澎湖群島海洋保護志工團協會理事長）

趙健舜（BlueTrend 藍色脈動創辦人）

廖鴻基（海洋文學作家）

蕭再泉（前澎湖南方四島國家公園警察小隊長）

鍾孟勳（環境法律人協會副祕書長）

（依姓氏筆劃順序排列）

【推薦序】

「成為」海人，不要被打敗

／張卉君（作家、黑潮海洋文教基金會董事）

穿越第五道浪，不要被打敗（aka la lima）——蔡政良，《第五道浪之後》

「Aka la lima」是都蘭阿美族語，衍伸自都蘭部落阿美族人長期與海互動的傳統生態知識中，以海浪的現象做為一種人生哲理的修辭，延伸出「不要被打敗」的信念與價值，在變化萬千的海洋，乃至於社會環境的浪潮中，要看清楚當下所處的狀態，不躊躇、猶豫，勇於接受挑戰的精神。

我第一次聽到這個蘊含海洋知識的詞彙，是在閱讀清大人類學博士蔡政良以都蘭部落傳統海域為田野，長時間透過身體、心靈、行動參與在海中、在部落裡，讓自己「成為」都蘭阿美族人、「成為」海洋認可的海人而書寫出來的海洋人類學研究《第五道浪之後》。

作為一個異族、異地的外來者，如何「成為」自我身分認同的角色，首先是學習。另一本精采的海洋人類學作品《依海之人》，則以馬達加斯加西南以海維生的斐索人（Vezo）為田野，告訴我們一個人如何被定義、如何自我認同，取決於他的行為和思考方式是否懂海——當一個陸地上的人開始「學習」關於海的知識、懂得如何潛水、能分辨哪些魚在海的允許下如何捕捉和食用、看得懂海浪的表情、感受到海的情緒，懂得敬畏、尊重海，與海生活在一起，那麼他就可以是斐索，可以是一個被認可的「海人」。

以這兩部海洋人類學研究、民族誌作品，來作為陳徵蔚副教授新作《海洋在哭——一位教授的潛水淨海行動》的回應，是因為在其中，我讀到了相似的、對海洋極為強烈的情感與認同，在「成為」一名海人所要具備的知識、經驗、感受和行動之中，傾情傾力，乃至於至情至性的學習與實踐。

《海洋在哭——一位教授的潛水淨海行動》不僅描述作者自身如何為了「向海洋告別」，而克服「對未知海洋充滿恐懼與想像」，到實際潛入海中之後，被深邃遼闊壯美的海洋世界所震撼、進而開展了他「成為」海人之路；書中各個篇章更以一則又一則的故事作為開展，他以受歡迎的海洋明星物種——海龜的故事開始，談墾丁海域綠蠵龜「瞇瞇眼」以及小琉球海域綠蠵龜「小秋」的相遇、互動，到牠們死亡和失蹤的消息，介紹公民科學社團「海龜點點名」針對海龜個體辨識的方法，同時從小琉球海域觀光、廢水、油汙、海洋廢棄物等對於動物所產生的影響；而後也延續談澎湖南方四島國家公園的案例，彷彿揭露掩藏在「國家公園」保護傘下真實困境的轉播者，掀翻出第一線目擊現場的不堪：所謂的國家公園海域竟然是非法垂釣、非法捕撈、非法打漁者的天堂，再一次點出澎湖南方四島海域不是無法可管，而是執法不力、甚至還放任違法者對海洋志工陳盡川（牛哥）和前海洋警察蕭再泉小隊長威脅、施暴。「在這片土地上，想要捍衛大海，居然要有『視死如歸』的覺悟，這真的難以想像。」作者文中重現與海洋第一線保育工作者的對話，不容讀者對於艱難的現實狀況有所逃避和過於樂觀的幻想。

然而，作為一個教育者、現場報導者，陳徵蔚對於文中所揭露的海洋困境：嚴重且無所不在的海洋汙染、缺乏執法決心與事證難蒐的海洋執法、過時且嚴重威脅海洋資源的不良漁法、混獲與過度捕撈的生態危機、氣候變遷與人類活動重創的海洋生態……等複雜又棘手的議題，他知無不言、言無不盡，迫切地想透過文字掀翻出來：「再怎麼蠻橫霸道、慘絕人寰，人類對海洋的迫害行為，都默默地發生在海面下，一般人根本不知道，即使知道，也不痛不癢，因為『眼不見為淨』。」

這種「多數的沉默」現況，讓他不僅要振臂疾呼，還要進校園對孩子們說、帶學生們去到現場淨灘、組織淨海團體，讓更多人潛下海去、走上街頭為法令陳情抗議。這些因為愛而奮起行動、一刻不容遲疑的魄力，充滿了感染力，也令人動容。

在翻閱書稿的過程中，由於我過去在海洋領域多年的參與及關注，與作者筆下大多數的經驗重疊，那些違法事件、被無視的法規、水面下汙染現況的震驚、參與修法的現場，都彷彿昨日之事歷歷在目。我讀得很快，卻花了許多時間來思考與消化。《海洋在哭——一位教授的潛水淨海行動》如同一道又一道打上岸的浪，向讀者再一次揭示當前海洋所面對到的困境，使我們如同上了岸卻始終無法乾透衣服的人，濕黏、悶熱、鹽痛，不妨礙陸地上的日常生活，但卻不能舒坦。海洋遍體鱗傷的痛苦與悲鳴卻時時刻刻攀抓心頭，無法單純地只沉醉於海的美，而是再也無法安坐地想要做些什麼。

我相信這是《海洋在哭——一位教授的潛水鏡海行動》能夠被書寫、出版、閱讀、傳遞最大的意義與目的。作者是從深海歸來的水下報導人，同時也是行動者、實踐者，他在「成為」海人的路上，盼望有更多生活在這片土地上的海島子民，能夠一起「成為」海人。

別忘了我們身體裡本就具有海洋的基因，面對當前一波又一波的大浪衝擊，且讓我們學習都蘭阿美族語部落的智慧「Aka la lima」，以「成為」斐索、「成為」海人的謙卑，直面眼前的第五道浪，一起帶著行動的決心，不要被打敗。

【推薦序】

孩子，來口塑膠吧！

／陳玉敏（台灣動物社會研究會副執行長）

此生一直活到人類計歲方式的五十五年後，我才真正懂得並甘願接受，「活著」不過就是一段「求仁得仁」，誠懇面對自己及一切人我與萬物關係的過程。

二〇二三年六月十六日下午，在行車能見度不到兩百公尺的超級滂沱大雨下，我和台灣動物社會研究會十幾位同仁到行政院門口，將前幾日於漁港調查時蒐集來，上百種被底拖網「大小通吃」、「無差別」捕撈的海洋生物漁獲，倒在預先鋪好的帆布上，召開陳情記者會。呼籲政府及社會正視這個嚴重破壞海洋生態、危害生物多樣性、加速生物資源枯竭，應積極制定有效管制措施的漁具漁法問題。

陳情行動結束後，大夥全身濕透，鞋子裡滿是雨水，像是掉進海裡被撈上來的模樣。叮囑同仁提早下班回家梳洗，以免感冒後，在把陳情物送回辦公室的路上心想，這在大雨中陳情抗議的畫面，要是被我爸媽在電視新聞上看到，肯定又要念我：「你肖ㄟ喔！嘿是政府嘎社會的ㄞ誌，你是何必苦去管啊！」

投入動物保護及生態保育社會運動近三十年的歲月裡，這句父母經常碎念我的話，在讀本書時不斷浮上心頭。在面對碧砂漁港附近，一大片面積超過籃球場大的「寶特瓶海」，看著不計其數的寶特瓶在海中隨波盪漾，因海水鹽分、陽光紫外線侵蝕，加上海浪拍打而碎裂成數不清的碎片，猶如「塑膠片湯」一樣。或當背著氣瓶潛入水深十公尺處，赫然看見豎立在海底，高約五公尺、綿延長一百公尺的「底刺網」，無數生物被困在「死亡長城」的網目上，包括保育類綠蠵龜。或在許多海產店裡，見到許多瀕危海洋物種，等待被清蒸、紅燒或沙西米，其中不乏各種國際間早列為

「瀕危」等級的鯊魚，如路氏雙髻鯊（又稱紅肉丫髻鮫）、淺海狐鯊，或被過度捕撈、資源量崩解的珊瑚礁魚……不知道陳徵蔚老師心裡可曾浮起這樣的聲音——何苦去管啊！

根據聯合國環境規劃署（UNEP）報告，全球每年大約使用超過五千億個塑膠寶特瓶，每年大約有八百萬噸塑膠垃圾流入海洋。台灣更是「不落人後」，光二〇二三年就使用了一百億個購物用塑膠袋。這些塑膠的分解時間，通常需要四百至一千年，壽命比你、我都長！無數海洋生物、魚類、海鳥因誤食塑膠而亡。而最終，這些被我們丟出去，以為就會消失不見的寶特瓶或塑膠垃圾，竟回到你、我的食物裡，就在我們日常食用的鹽中。二〇二〇年一篇發表在《環境科學與技術》期刊的全球性研究發現，大約百分之三十六的海鹽樣本中，含有塑膠微粒。

而在我撰寫此文的二〇二五年伊始，政府至今未對底拖網漁法、網具提出任何積極、有效的管理措施。除了大小通吃、無差別捕抓外，底拖網也嚴重破壞海洋生物繁殖、產卵與棲息環境。

底拖網有兩種，一種是利用兩塊網板，張開網口在海中拖掃，驅趕或威嚇魚群進入網袋；另一種是網具下方裝有桁桿及滾輪，可在海床上拖行。兩種網具都對海洋底棲環境造成很大的影響，包含礁石、砂質海床下方的生物都難以倖免。

而底拖網對全球暖化的影響程度，更超乎我們的想像。除了作業過程極度耗油、耗能，國際期刊《自然》（Nature）二〇二一年三月「全球底拖網漁業碳足跡」的研究指出，底拖網沿著海床前進，導致遭夷平的海底，每年從海洋土壤中釋放大約十四．七億噸二氧化碳到海水當中，碳排放量和航空業一樣高。海洋沉積物是世界上最大的碳儲存庫，碳從海底沉積物釋放到海水中，增加海洋酸化程度，嚴重影響海洋生物多樣性。

許多動保與環境運動工作者，時常都會面臨一個困境——要如何把這些已經迫在眉睫的生態環境惡化真相，讓民眾知道，進而召喚其情感、促動改變的力量。近三十年來，我最常聽的話便是：那個太沉重了，大眾不會想聽！大眾只想看溫暖、輕鬆、美好、好玩有趣的事。生態災難都是別人家的事，不會發生在我身上，北極熊、巨口鯊滅絕了，也不關我的事！

因此行動者除了要辛苦調查研究議題，進行政策及立法倡議、產業遊說外，還得學習講故事、寫書、編繪本、戲劇、短影音、藝術策展……想方設法應對人們面對環境惡化事實時，最常出現的「認知失調」與逃避心理，認為環境問題的解決是政府、企業或科學家的「他人責任」，不該由每個人承擔。也有人面對氣候變遷、物種滅絕、大規模海洋污染等問題，感到絕望、無力或悲觀，因而選擇逃避，主張別想太多，趕緊「今宵有酒，今宵醉」，守住短期利益，即時行樂。

一位社運前輩曾送我一句話——「悲觀者前行，無力者出力」。我想一次又一次背著氣瓶潛入海底打撈垃圾、清除海底廢棄漁具漁網，更在二〇二二年，號召潛伴以「海底撈」垃圾為職志，成立「台灣淨海協會」的陳老師，肯定對這句話非常有感。

選擇做什麼，而成為什麼！不過就是一段活著誠懇面對自己、他者與萬物的路。透過這些互動關係，最後「求仁得仁」，成為今生個體生命的歷程。祈願你能拿起這本書，看到海洋的眼淚，理解自己與環境相互依存的深刻關係，為拯救自己與所愛的人，展開改變的行動！

【推薦序】

我的潛水教練　聽見了海哭的聲音

／麥覺明（生態紀錄片導演）

不知是否因為拍攝山林的印象深植人心，每當我身著潛水裝，背著水肺、水底攝影裝備，準備下潛時，經常會遇到觀眾一臉疑問地望著我，說：「麥哥，你跑錯地方了……」如果真要說「越界」，是因為向來希望透過影像，將山海之「美」的真實現況傳達給觀眾的我，卻在幾次浮潛拍攝淨港的過程裡，被蔚藍的水色下，味噌湯一樣的「寶特瓶海」驚嚇到，而陳徵蔚老師就是幾位令人尊敬的潛水教練中，帶著我親身經歷了這些震撼場景的其中一位。

我們家有位熱愛戶外活動的父親，家附近的西子灣就是我們的大游泳池，不知道是不是承襲了父親的基因，全家人除了喜愛跑戶外，還都很有運動細胞。幾位姊姊因為體育成績優異，分別保送師大、輔大。目前仍任教於師大的大姊，學生時期還曾在瓊瑤「二秦二林」的電影中，擔任過女主角的游泳替身。擁有游泳這項技能，在我出社會後的工作或社團活動中，確實如魚得水，尤其從事自然行腳節目需拍攝溪流魚類水族攝影，或是記錄高山溪谷溯溪活動時，泳技一流真是如虎添翼。即使換個場景到海上浮潛攝影，深諳水性的我都還算是得心應手，但就在一次追蹤「海廢」來源的外景中，滿布海底的各式垃圾澈底震驚到我……

雖然下水前的訪談中，教練和潛水員們已先做陳述，然而看到各種形式的寶特瓶、免洗湯匙、碗筷、口罩，甚至細如牙籤等塑膠製品，晃蕩在海底黃濁的泥沙裡，潛水員必須仔細地在他們稱為「味噌湯」的水色中撈撿。有時十分艱難地將半埋在沙土中的大型塑膠瓶費力拔出，旋即卻拉扯成碎片，漂浮在我們身體周遭；好不容易想要透出海面，換個視野，卻在擁擠的寶特瓶布陣中，意外灌入了一口百味雜陳的「味噌湯」……「以前你偶爾喝，現在你天天喝。」」為我戒護的潛水人員和我相視苦笑時，想到他們必須長時間浸泡在「寶特瓶海」中，如果不小心啜飲了以塑膠垃圾加海腥味特調的「味噌濃湯」，那種滋味實在很不好受。教練們嚴肅地述說各式各樣堆積在海中的垃圾，除了影響到原本繽紛的珊瑚景觀，許多被丟棄在海中的陳年廢棄漁網，更是海龜等大海生物的殺手……

頂著一身怪味和沉重的見聞上岸後，更激發了我想再潛入海洋。除了記錄海底瑰麗、奧祕的景觀，同時探勘海廢對我們島嶼台灣及海洋生態造成的影響。而這時候就感覺游泳、浮潛的技能是不夠的，於是我參加了陳徵蔚教練的潛水課程。教練在潛水教學的專業上已無須贅述，讓我更尊敬的是，在教學過程中，除了同步讓學員真實感受到豐美的海洋生態外，他更急切想要傳達給初學者的是——我們置身其中的大海，供養了千萬生靈豐沛的資源，但現在它生病了。如果我們這些受它哺育，卻不曾善待回饋的人類，再不做些補救，必定將自食惡果。

二〇二二年六月的世界海洋日，我跟隨著平日協助我們海中拍攝的教練們，前往澎湖的南方四島記錄淨海過程。此行風雨交加、浪濤洶湧，但我卻有幸結識了更多淨海經驗豐富的潛水尖兵們。當天天氣不佳、海象惡劣，卻清出了超過五百公斤的廢網和垃圾海廢。從熟悉的三千公尺高山降海，我將這一天的感動記錄在「MIT台灣誌」的粉專上：「山」讓我們的視野看得高、看得遠，「大海」讓我心胸開闊，自由無憂。高山有神祕悠遠的冷杉黑森林，海洋深處是一片姹紫薰衣草鋪成的海底鏡花園。然而大海無國界，海洋志工短短一天，潛在南方四島海域清出的海底廢棄垃圾，就重達五百多公斤。不只是六月這一天的世界海洋日，許多人為了讓我們生存的島嶼更美好、更健康，不斷努力地奔波在山海之間，向各位敬禮。

陳徵蔚教練平日的身分在大學任教職，課餘時間幾乎都投入淨海作業和校園環境教育。過去他和志趣相投的同好身影，經常出沒在海廢嚴重的港灣、海域，聽說在幼兒相繼出生後，教練已經開始全家出動，為保衛地球未來的小小尖兵做長遠準備。

教練說他在學會潛水後，成為了清理海廢的「垃圾人」，而熱衷於戶外體能競技的我，卻是在年過五十之後，取得了人生的第一張潛水執照。這張證書更助長了我今後繼續精進潛水技能，盼能跟隨這群菁英潛水人，記錄他們捍衛大海的「海底撈」人生，同時宣達更多海洋保育的正確知識。雖然並不是每一個人都能以潛水員的角色，去回饋或守護環抱在我們四周的大洋，但是可以藉由閱讀陳徵蔚教練書寫的《海洋在哭——一位教授的潛水淨海行動》一書，去認識、了解海島台灣有一群像教練一樣，守護著海洋生態、為解除海洋危機竭盡心力的淨海勇士。

但願企業家們支持從源頭減塑做起。我們這一代人願意辛苦一些、努力實踐貫徹環保行動，在不久的未來，希望讓所有的孩子看到的大海是美麗潔淨，不再聽到海哭的聲音。

【推薦】

這本書寫得太精采了。我每每潛水時，也深有同樣的感受，台灣海洋環境汙染嚴重，令人感到無力也無奈，然而陳教授不但身體力行，發起海洋保育運動，還能將它化為文字，讀來相當動人，也衷心祝福這本書能喚醒大家的海洋意識！

——**郝譽翔**（國立台北教育大學語創系教授）

目錄

Chapter2 如果我們曾見過海洋的美麗，我們怎麼忍心傷害海洋？

目錄

海底的「死亡長城」——底刺網

當我們打撈海底垃圾，竟在水下十至十五公尺處，遇見「死亡長城」——高度約三至五公尺，綿延一百公尺的「底刺網」。

底刺網大小通吃，混獲比例高，對海洋生態衝擊極大。
上面沒有政府規定的「實名制」標示，顯然違法。
但當我們報警，得到的卻是：「請自行蒐證。」
「人力不足，請自行處理。」

被廢棄漁網纏繞而死亡的魚（吳祖祥攝）。

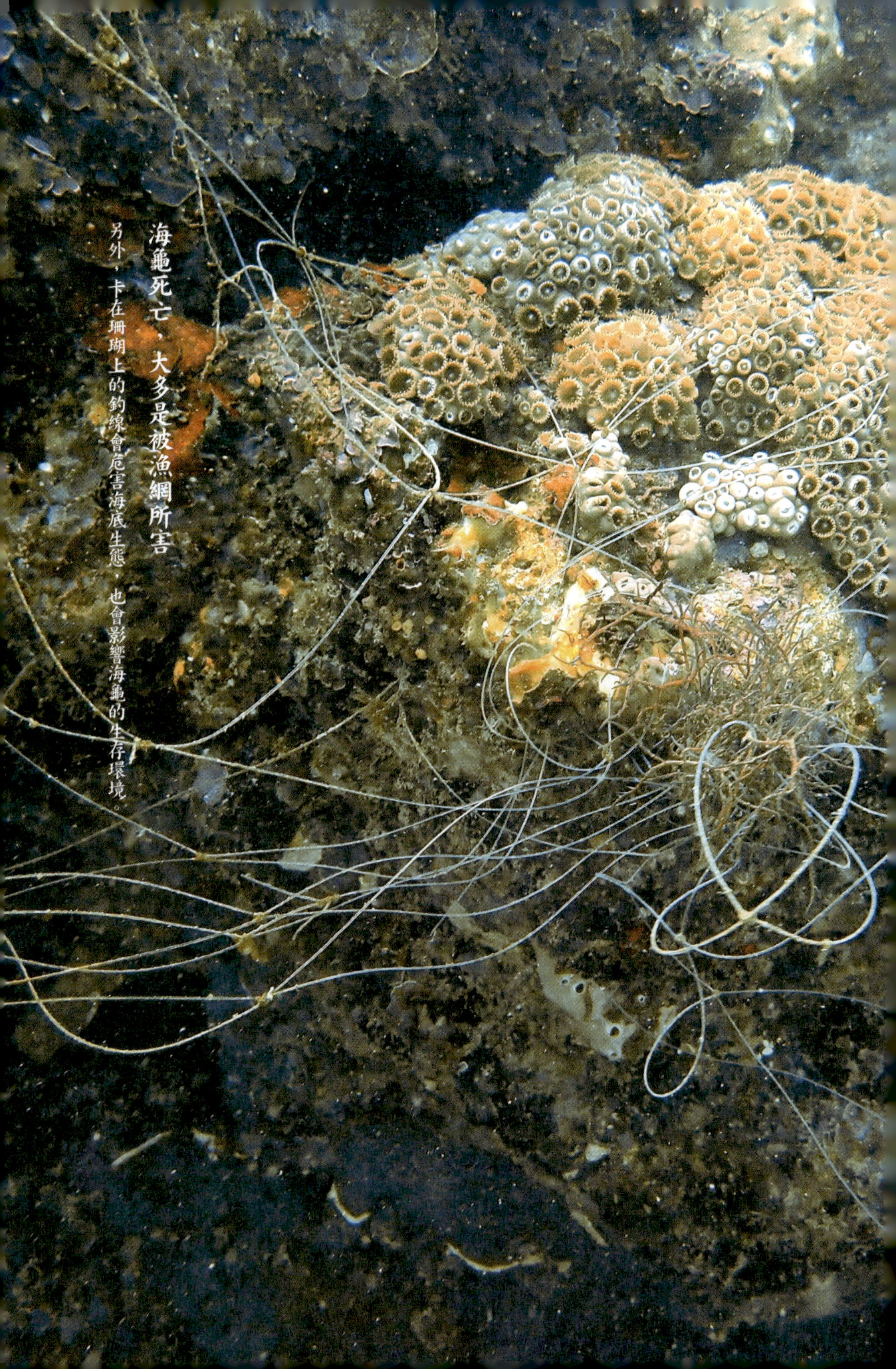

海龜死亡，大多是被漁網所害

另外，卡在珊瑚上的釣線會危害海底生態，也會影響海龜的生存環境。

小琉球，曾是「海龜天堂」

但是廢水、廢油的排放，甚至是防曬乳、洗髮精都會汙染、降低珊瑚覆蓋率……而小琉球每年垃圾量高達一九〇〇公噸，其中塑膠垃圾占大多數，成為海龜生存的嚴重威脅。

當遇見海龜，可以比出「六」且左右搖晃的手勢，潛伴即可知曉。

看著半埋在沙地裡的海龜殼，我決定將海龜殼「請」回岸上。
海龜孵化後，面臨各種艱鉅挑戰。
能夠長大的海龜，大約僅千分之一。
那天風浪非常大，當我浮出水面，
一陣大浪打來，我手中的海龜殼頓時折成兩半。
我的情緒潰堤，眼淚汩汩而下。

不可思議的「國家公園」非法捕魚?!

二〇二三年六月八日，世界海洋日，
在澎湖南方四島國家公園，
我們目擊非法捕撈的「現行犯」。

「不報警嗎？國家公園內捕魚是違法的！」有潛水員問。
「報警？」熟知內情的夥伴僅能苦笑。

有人隨即拿起手機，通報警方。
電話那頭，果然是不輕不重的推託。

相關單位不來取締，
難道要民眾與違法漁民「拚輸贏」？

陳盡川攝。

視死如歸的覺悟

曾因蒐證而遭漁民報復、受傷的陳盡川，
我問他，我們可以做些什麼。

陳盡川說：「你的孩子還太小。這麼危險的事情，就交給我跟蕭小吧！
我們的後半生都奉獻給了澎湖，沒有什麼好顧忌的。」

當時的我，一陣鼻酸。
在這片土地上，想要捍衛大海，居然要有視死如歸的覺悟。

黃尾金梭魚群。

湛藍大海下的「寶特瓶海」

在碧砂漁港附近，有一大片超過籃球場大小，
像是味噌湯的「寶特瓶海」。

我們埋頭苦幹，雙手不停地清理垃圾。
我們帶了超過半公噸的垃圾上岸，
超過百分之九十五都是寶特瓶。

台灣擁有如此美好的海底資源，卻在過度捕撈下面臨枯竭。我們還有機會，將「海鮮文化」轉型為「海洋文化」嗎？

右上：白吻雙帶立鰭鯛群。右下：威廉多彩海蛞蝓。
左上：昆氏多彩海蛞蝓。左下：白吻立鰭鯛。

我們每人每週吃下一張信用卡大小的微塑膠

看得見的塑膠，我們潛水打撈，令人憂心的，是微塑膠。

澳洲紐卡斯爾大學（University of Newcastle）的科學家，在二〇一九年研究，全球每週每個人平均微塑膠攝入量近兩千顆，重量約五公克，大約等於每人每週吃下一張信用卡。微塑膠上吸附的毒素與環境荷爾蒙，嚴重危害健康。

上：綠島港邊的海漂垃圾。

「瞇瞇眼」海龜是怎麼死的？

在墾丁後壁湖出水口的這隻海龜始終瞇著眼睛，慵懶地棲息在珊瑚下，所以我叫牠「瞇瞇眼」。

沒想到，兩個月後，牠頭下腳上，倒栽蔥漂浮在海底死亡。

據海生館分析，幾乎每隻海龜的腸胃道都有塑膠垃圾，會造成海龜脫水、腸胃道炎症和腎臟疾病，引發死亡。

「小秋」海龜失蹤了……

通常海龜一看見潛水員，就會游開。
但每次我下水，小秋一聽到氣泡聲，就會像熱情的狗狗般，繞著我們游來游去，甚至有一回要壁咚我……

小秋失蹤了，希望小秋一切平安。

可愛到太犯規的小丑魚

海葵為小丑魚提供保護與食物來源，小丑魚則會將海葵打掃得乾乾淨淨。每次看到小丑魚這麼努力的樣子，我都會吶喊，可愛得太犯規了！

右上：公子小丑魚。
右中：克氏小丑魚寶寶。
右下：粉紅小丑（頸環雙鋸魚）。

卻逐漸在台灣消失

台灣曾是小丑魚的產地之一，
但有許多人捕捉小丑魚外銷，讓小丑魚銳減。
《海底總動員》上映，
小丑魚再度面臨捕捉的嚴峻考驗……

左上：克氏小丑魚。左下：公子小丑魚。

陳徵蔚與沙丁魚風暴（闕竹懋攝）。

未來，孩子們還能看見美麗的大海嗎？

二〇二三年四月十二日，在「綠色和平組織」邀請下，我們全家站在立法院前，為支持《海洋保育法》在街頭開講，雖然我們一家人被警衛擋在立法院門口。

但當兩歲多的女兒說：「I want to be a scuba diver!」（我想成為水肺潛水員！）我相信多一位潛水員，就少一個傷害海洋的人。

原本，我只是想向大海道別。
如今，我卻想握住它的手，試著挽留。

這樣的願望，會不會太奢侈呢？

Chapter1

海洋正奄奄一息，僅剩微弱的心跳

海底的「死亡長城」——底刺網

每當我們將看到的違法行為報警，得到的回覆都是：「請自行蒐證。證據充分後，再來報案。」或「人力不足，請自行處理。」

對待大海，我們更應該是農夫，而非獵人。文明理當如此：以培植代替狩獵。——Jacques-Yves Cousteau，水肺潛水發明人之一、海洋學家

二〇二〇年二月二十八日，我帶了一位來自台中的潛水員，於龍洞3號開潛。龍洞3號的生態十分豐富，有許多藍子魚、天竺鯛、雀鯛、角鐮魚、刺尾鯛、蓋刺魚、蝶魚、石頭魚、蠍子魚、比目魚、魟魚、海蛇。欣賞這些美麗的魚群與有趣的生物，感覺非常

療癒。

然而，這個區域的垃圾也是特別的多，各種軟、硬塑膠破片，隱藏在海底沙地中，平常看起來不太明顯；然而在風浪大時，垃圾就會被揚起，漂浮在海水中，看起來有點像是「塑膠片湯」。

這些塑膠破片虛無飄渺、若有似無，並不好清理。更令人憂心的是，由於紫外線與海水鹽分的長期作用，這些塑膠破片會繼續裂解，成為體積更微小的微塑膠或塑膠微粒，雖然肉眼看不見，但是危害卻更大。

當我們一邊沉浸在與魚兒同游的樂趣中，一邊清理海中的垃圾時，**我們萬萬沒想到，會在水下深度大約十至十五公尺處，遇見海洋中的「死亡長城」——高度約三至五公尺，綿延一百公尺的「底刺網」**。

魚群的「隱形殺手」

刺網藉由漁網上方梭狀的浮子（繫於漁具上，使得漁網的一端能漂浮於水面上的一種漁具），以及網子下方鉛塊的沉子（主要結附於漁具的下方，可讓網具有適當的沉降力，以保持漁具的位置或網形，並防止漁具的流動），讓整張網直立在水中，猶如一堵牆般張開。

這種漁網的顏色透明，特別是在能見度不佳時，很容易成為魚群的「隱形殺手」。

刺網有單層，也有多層的，每層具有不同大小的網目，可以針對大、中、小體型的魚類，一網打盡。

由於魚在通過網目時，鰓蓋或鰭會被網子纏困，因此，刺網的英文名稱叫做鰓網（gillnet）。而這些魚被困在網上的樣子，很像一根根的尖刺，所以中文叫做刺網。

一般常見的刺網有三種，即底刺網、旋刺網以及流刺網。

流刺網與旋刺網都是由漁船拖動，是移動型的刺網。而旋刺網專以逆時針包圍的方式，捕捉逆流而行的烏魚，所以又被稱為圍網。

底刺網的基本結構與前兩者雷同，只是底刺網不需漁船拖動，而是定置海底，守株待「魚」。

大小通吃，混獲比例高，可想而知，這種「死亡長城」對海洋生態的衝擊極大，也因此，**許多國家早就已經禁用刺網了**。

然而，**根據台灣的漁業署在二〇二一年的統計**，登記在案的兩萬一千艘漁船中，竟**有約九千艘的刺網漁船，比例高達百分之四十二，將近一半**，高得嚇人。

違反政府「實名制」標示的底刺網

我先浮到那張龐大的底刺網上方，檢查浮子，上面完全沒有政府所宣導的「實名制」所規定的任何標示。

接著，我順著網子移動，深度不斷增加，但卻看不到網子的盡頭。為了我與潛伴的安全起見，只好就此打住。

底刺網的上面已經卡了不少魚，看起來都奄奄一息。

我們對望了一眼，我們都覺得這張網子已經超過了兩個人可以清理的範圍，稍微不慎，可能連我們都會被困住，真的是無能為力。

再潛出不遠，潛伴向我比了比手勢，我定神一看，再度大吃一驚。

海底沙地中，靜靜躺著一片長約一公尺的死亡海龜。

從這張龜殼判斷，海龜應該已經死去一段時日了。龜肉部分完全被分解掉，只剩下背甲與腹甲。背甲的中央盾、側盾還算完整，但緣盾卻已經全部都脫落。

從特徵來看，龜殼的中央盾有五片、側盾四對、緣盾十一對，推測應該是綠蠵龜。因為這與欖蠵龜的中央盾五至七片，側盾五至九片不太一樣。

我將死亡的海龜殼「請」回岸上

我在龍洞海域帶潛多年，只有屈指可數的次數，曾經在這個海域見過海龜。真是萬萬沒想到，活的見不著，這次居然遇見了死亡的海龜。

我看著半埋在沙地裡的海龜殼，心中百感交集。考慮了一下，最後決定將這一張海龜殼「請」回岸上。

即使是在水中，海龜殼拿起來還是很有重量。看這個體型，應該是一隻青少年海龜吧。

海龜在孵化後，面臨了各種不同的挑戰。從牠們鑽出蛋殼、爬上沙灘開始，就可能被海鳥獵殺，或是被掠食性魚類吞噬。**真正能夠長大的海龜，大約只有千分之一**。長大後，還要面臨被漁民混獲、被船隻螺旋槳誤傷、誤食垃圾等威脅。能夠長到這麼大，真不知道是歷經了多少滄桑。

然而，這隻海龜終究還是在大海中長眠了。

心中的憤怒與惆悵

想像著牠原本應該可以在大海中自在悠游，我的心中不禁有點悲傷。

海龜殼長期泡在海水中，原本就已經脆化了，加上那天的風浪非常大，當我浮出水面，正準備脫蛙鞋時，一陣大浪打來，我手中的海龜殼頓時被折成兩半。

就在龜殼被大浪沖斷的那一剎那，我的心中有一股說不上來的憤怒與惆悵。我的情緒突然潰堤，眼淚汩汩而下。在浪花之中，也分不清是海水，還是淚水。

海龜死亡，大多是被漁網所害

上岸後，我通報了岸巡，將龜殼交給他們處理，然後將海龜死亡的消息分享在自己的臉書上。

不久後，另一位網友回應我，他同一天在北海岸的關帝廟附近，也看見了一隻死亡的海龜，被沖上沙灘。

無獨有偶，就在我們開潛的前四天，海巡署也曾在臉書上透露，「二月二十四日當天，全台灣一夜之間就發生了高達九起的海龜死亡事件。」而根據解剖研究發現，許多海龜的死因並不單純，大多是被漁網所害。

在海巡署所描述的九隻海龜中，有七隻是在北海岸死亡，其中包含一隻成龜、六隻青少海龜。

學者研判，成龜可能是因為遭到漁網纏絞後，被拖至深海，再因為海水壓力差太大，導致肺臟的血管破裂致死。至於其他的青少海龜，可能是卡在漁網中死亡。

但是，海龜為什麼會被卡在漁網上呢？

海巡署指出，「每年十二月到隔年三月的冷冬，是海龜最容易出事的季節。」這段時間因為水溫低，海龜的體能下降。每逢氣溫驟變，海龜就容易被凍昏，導致海龜的反應力、警覺心變差，因此更加容易被漁網纏住，或是被船槳打到，導致死亡。

怵目驚心的照片

類似的事件，其實每年都在上演。

二〇二三年五月十四日，有位澎湖的潛水教練在赤馬村人工魚礁區，拍攝到大片廢棄的刺網，覆蓋了海底珊瑚。網中纏繞著許多魚，以及一隻保育類海龜，全都死去多時。

那隻海龜的眼神空洞，表情痛苦。牠被纏繞在網裡，頭下腳上的懸吊，照片怵目驚心。

這個畫面一經披露，澎湖縣政府的農漁局火速請人打撈，總共清出約七百多公斤的多層刺網。

然而，這只是冰山的一角。

我們在龍洞3號所看見的底刺網，並非廢棄的覆網，顯然是被刻意放置在那兒捕魚的。事實上，在接下來的幾年中，我持續在3號、4號附近，看見許多底刺網。這些網子的浮子上，完全沒有「實名制」的署名，查不出來源。

我與漁民閒聊時，得知**當地人幾乎都知道暗中放置底刺網的「藏鏡人」是誰**。然而，為了避免得罪，他們都選擇三緘其口。

致電岸巡，結果令人愕然

除了刻意放置的刺網，因為卡礁石而遭拋棄的「幽靈漁網」可能更多。這些漁網都成為了海底的死亡陷阱，不但會扼殺珊瑚，同時也會持續纏困海洋生物，造成連鎖死亡。這些廢網有時候甚至會被捲入螺旋槳，造成船隻停擺。

新北市早有規定，不得在離岸3浬（約5.6公里）內的海域放置刺網。然而，我致電當地的岸巡，說明海中底刺網的情形，得到的回答，卻是貢寮當地放置刺網，乃是「合法」的行為，令我不禁愕然。

全台灣各縣市的刺網規定不一致

隨後我查證，在全台灣二十二個縣市中，其實有十八個縣市已經制定了刺網的相關規範。然而無奈的是，這些規範的標準並不統一。

光是離岸禁用刺網的距離，就有四種：1.5浬（約2.8公里）、3浬（約5.6公里）、500公尺、600公尺。此外，對於禁用月份、船隻噸數，各地的規範也不盡相同。

根據「台灣動物社會研究會」統計，台灣竟有高達二十種不同的刺網規範。小小一個台灣，竟然如此「一國多制」，難怪連岸巡都搞不太清楚狀況。

事實上，**新北市（萬里、金山、瑞芳、貢寮）**、**小琉球都規定，距岸3浬（約5.6公里）以內禁用所有的刺網**，而我們發現底刺網的位置，大約距岸約五百至六百公尺，很明顯是違法的。

我後來也向岸巡說明，我們發現的海底刺網並沒有「實名制」，但岸巡竟然回答：「你們可以自行將漁網清除。」

我與潛伴吐吐舌頭。因為若是我們兩個人去清除重達數百公斤的漁網，那簡直是癡人說夢。

只有極少數的漁民，遵守「刺網漁具標示實名制」法規

漁業署在二〇二一年七月全面實施「刺網漁具標示實名制」，然而事實上，在海裡的刺網，真正遵守法規的非常少。

放置底刺網的舢舨船都在月黑風高時作業，而且只要一個人就可以作業，機動性很高，再加上當地民眾也大多睜隻眼，閉隻眼，誰會知道海底竟存在如此的死亡長城？

更令人感到義憤填膺的是，每當將我們目擊的現象回報給執法機關，所得到的回覆，幾乎都是非常禮貌，但冷漠的制式回答：「請自行蒐證。證據充分後，再來報案。」或者是「人力不足，請自行處理。」

真正應該執法的單位消極、不作為，最後只有將熱心、關懷環境的民眾推上火線。民眾出錢、出力，被迫越俎代庖，因為熱愛海洋，冒著危險，下海清理漁網。上岸後，卻可能與當地漁民發生衝突，最後公親變事主。

海洋生物的數量，正在以可察覺的速率減少。過去立法從嚴，執法從寬的消極態度為什麼至今沒有改變呢？為什麼政府相關部門無法走在第一線，積極取締非法，維護生態，成為保護環境之熱血民眾的強力後盾呢？

「竭澤而漁」無法永續

除了杜絕非法，政府也應該積極輔導漁民轉型，讓民眾了解竭澤而漁並不是永續的長久之計。

《孟子》的〈梁惠王篇〉曾說：「不違農時，穀不可勝食也；數罟不入洿池，魚鱉不可勝食也；斧斤以時入山林，材木不可勝用也。」意思是：按照四季時令種植農作，那麼糧食就可以食用不盡。不要在池中使用多層且孔目細密的漁網，那麼魚鱉就能取用不盡。只要依循樹木的生長時序砍伐，那麼木材就用之不竭。

遠在兩千多年前，孟子就已經有了莫用多層漁網的永續觀念。然而，一直到今天，還是有很多人持續傷害生態。

在遠洋，大型漁船利用科學方法大規模捕撈，而在台灣海峽的中國漁船，甚至**利用底拖網捕魚，猶如「海底推土機」**，不但造成過度捕撈，同時也嚴重傷害了海底生態。

在近岸，違法的刺網鋪天蓋地，令珊瑚礁魚群難以逃脫。最後，釣客、潛水打魚者，目標性針對高價珊瑚礁魚種獵殺，成為了壓死海洋生態的最後一根稻草。

孟子說，倘若政府能夠教化民眾，順應天時，與自然永續共處，便是王道。然而在今日的台灣，不少漁民們為了生計，仍然繼續壓榨海洋，政府置之不理。最後，只造成生態的惡性循環。

是因為海洋生物沒有選票嗎？

令人悲傷的是，政府不願擋人財路，深怕選票流失，消極執法，並不敢鐵腕保護海洋生態。

因為倘若漁民生計受到影響，必定導致民怨。相反地，海洋生物沒有選票，當牠們沉默地遭受苦難時，一般人不會看到，即使看到了，也未必會同情。

對很多人而言，這些海洋生物，沒有眼淚、沒有表情，沒有溫暖柔順的皮毛，也不會可愛地與人互動。**在人類的眼中，只有「好吃」與「不好吃」的分別，牠們只不過是「海鮮」而已。**

一直到今日，情況都沒有改變，甚至變得更加嚴重。

身為「海人」，我經常下海，從海底看著那些從岸邊投擲下海的釣線與魚鉤，以及岸邊滿懷期待的釣客，我常想，如果他們有機會成為潛水員，看看這些美麗的魚群，欣賞牠們從容、美麗的姿態，而不是被捕捉上岸時的驚慌失措，他們會不會開始感受到這些海洋生物的生命尊嚴呢？
如果可以，我真希望帶他們下海看一看。

不可思議的「國家公園」非法捕魚?!

「不報警嗎?國家公園內捕魚是違法的!」有潛水員難以置信地問。「報警?」熟知內情的夥伴僅能苦笑。

世界不會因為人類作惡而毀滅;但卻會毀在那些袖手旁觀的人手上。——愛因斯坦

澎湖的南方四島國家公園堪稱台灣海洋的種原庫,充滿其他地方撈捕不到的珍禽異獸,但因為當地政府消極執法,取締不力,這片海域竟成為了非法垂釣、非法捕撈、非法打魚者的天堂。

在世界海洋日當天，目擊非法捕撈的「現行犯」?!

雖然經常耳聞南方四島非法捕撈的消息，但是真正目擊到現行犯，卻是在二〇二三年六月八日，世界海洋日當天。

那天，晴空萬里、浪高約一公尺。南方四島保育協會的潛水員們，坐船來到東嶼坪附近的鐘仔礁，準備下水，執行海洋清潔。

此時，不遠處有艘漁船，正在國家公園範圍內明目張膽地非法作業。

「不報警嗎？國家公園內捕魚是違法的！」有潛水員難以置信地問。

「報警？」熟知內情的夥伴苦笑：「相關單位處理這類事情的態度非常消極。明明你看見了違法，打電話舉發，想抓現行犯，警方卻按兵不動，反而叫你自行攝影、拍照蒐證，一副『如果證據不足，就別多管閒事』的態度。縣政府不想得罪業者，能推就推。如果你真要管，最後只能與違法者正面衝突。」

另一位夥伴點點頭，無奈地補充：「政府不會主動擋人財路、扮演黑臉。在台灣，如果要挺身而出，對抗非法，就要有公親變事主，以及被報復的心理準備，唉。」

真的是這樣嗎?幾位外地的潛水客仍不願意相信。

有人隨即拿起手機,通報警方,發現違法捕魚。

電話的那一頭,果然是不輕不重的推託。

而聽著電話裡的回應,原本半信半疑的人也不禁沉默了。

相關單位不來取締,難道要民眾出面與違法漁民「拚輸贏」嗎?

陳盡川以一己之力,希望能嚇阻違法打魚

此時,讓人想起五年前的一則流血新聞。

由於澎湖縣政府維護海洋環境的執法態度十分消極,海洋志工陳盡川(牛哥)便自掏腰包,組織巡守隊,在南方四島附近海域巡邏,想遏止盜獵、非法捕魚的歪風。

他們沒有執法權,發現違法事件,也只能口頭規勸,並且報警處理而已。

二〇一八年九月二十日凌晨,陳盡川偕同另一名志工在貓嶼附近蒐證。他們發現一艘潛水船疑似違法背氣瓶,用魚叉捕魚。

拍照後,陳盡川將對方船隻的資訊和影像公布在Facebook,並持續在附近水域拍攝,希望藉此嚇阻違法打魚。

但當對方發現陳盡川的貼文後，竟憤怒地強行登船。除了對他破口大罵，還用潛水手電筒攻擊他的頭部，造成陳盡川好幾道長達九公分的裂口，隨即揚長而去。

由於陳盡川太常在澎湖海域蒐證、嚇阻非法捕魚，得罪不少人，他所擁有的船——金合全66號在二〇二〇年十月十六日，遭人惡意焚毀。

在這個原本應該是捍衛海洋生態，完全禁漁的種原庫裡，卻因為政府的不積極作為，讓種原庫成了違法盜捕者的私人冰箱。海洋保育的長期成果，也被違法人士炒短線收割。海洋生態需要數年，甚至數十年，才能恢復生息；但是非法捕撈，破壞生態，卻只要很短的時間就能做到。

捍衛大海，居然要有「視死如歸」的覺悟

二〇二三年八月，我趁著前往澎湖科技大學演講的機會，拜會陳盡川、蕭再泉兩位海洋鬥士。

蕭小隊長在二〇〇二年，任職於墾丁國家公園警察隊時，嚴正捍衛海洋生態，取締違法，讓當時的墾丁海底生態迅速復甦。然而，正因為他執法太嚴格，也成為當地漁民、釣客與頂頭上司眼中的頭痛人物。

南方四島國家公園在二〇一四年成立後，他自動請調到三級離島。他一樣鐵面無私，取締非法捕魚，但也因此經常遭遇「槍很好買啦！」或「有膽，制服別脫掉！」之類的恐嚇。他在二〇二一年退休後，仍然繼續守護著國家公園。

我問他們，一般民眾可以做些什麼，一起捍衛南方四島的生態。陳盡川看著我，憂心地說：「**你的孩子還太小。這麼危險的事情，就交給我跟蕭小吧！我們的後半生都奉獻給了澎湖，沒有什麼好顧忌的。**」

當時的我，感覺有些鼻酸。

在這片土地上，想要捍衛大海，居然要有視死如歸的覺悟，這真的難以想像。他們夙興夜寐、不辭辛勞，只是單純地想要捍衛海洋生態。然而，他們所面對的卻是消極的政府，以及把他們當作絆腳石的違法業者，甚至**連他們的妻小，都被恐嚇、威脅**。

台灣在海洋生態保育的盲點

除了台灣人外，也有許多中國籍漁船違法越界，以底拖網捕魚。

台灣媒體一天到晚報導中共戰機騷擾台灣，卻似乎從來沒有注意到中方漁船早就侵門踏戶，騷擾台灣海疆。焉知這種無聲的生態侵略所帶來的傷害，可能更加深遠。

二〇一九年十一月二十日，《海洋基本法》公布施行後，其中攸關海洋生態保育的《海洋保育法》卻遲遲未通過。

政府少了執法依據，也沒有具體罰則，違法業者當然更加樂於遊走於法律邊緣。而當「現撈ㄟ」抓著抓著，漁業資源就枯竭了。

台灣號稱「海洋國家」，然而現有的四十六個「海洋保護區」（Marine Protected Area），卻大多缺乏管理、監測，也沒有專職的執法人員，根本形同虛設。

邵廣昭博士曾在〈台灣海洋保護區的現況與挑戰〉點出：「『海洋保護區』即使劃設範圍再大，若未能落實管理取締，即有如紙上公園，毫無意義及功能。」一針見血，點出台灣在海洋生態保育的盲點。

鼓勵遊客大啖可愛的曼波魚?!

印尼峇里島的水晶灣有曼波魚，但當地的居民並不撈捕，而是用曼波魚吸引觀光客。

每天有三千多人租船下海，體驗潛水，與曼波魚拍照。

然而在台灣，曾經名噪一時的「曼波魚季」，卻是鼓勵遊客大啖這種可愛的魚。在菲律賓的奧斯陸或馬爾地夫，我都曾看過溫柔的巨人——鯨鯊。但是在台灣，卻只能買得到**鯊魚煙，根據「荒野保護協會」抽驗全台鯊魚肉產品樣本，發現竟有百分之九十八以上是來自於近危、易危或瀕危等級的鯊魚品種**（《台灣海鮮選擇指南》第六版，https://fishdb.sinica.edu.tw/seafoodguide/）**，這其中也包含了鯨鯊**（註）。

我曾在竹圍漁港看見滿地的鍾頭鯊（國際自然保育聯盟〔IUCN〕列為瀕危物種）待價而沽，旁邊也放著好幾個竹籃，滿滿都是鍾頭鯊的幼鯊。當時，我感到無比震驚。為了看到這些海中嬌客，必須花大錢，飛到國外朝聖。即使是去離台灣最近的與那國島、神子元看鍾頭鯊風暴，價格也不便宜。

諷刺的是，我們在台灣的魚市場，就可以看見大批躺在血泊中的鍾頭鯊，而且十分廉價。二〇一六年五月，三立新聞曾報導台中港驚見漁民捕捉鍾頭鯊拍賣，當時船長駁斥：「這

註：行政院海洋委員會二〇二〇年四月二十八日公告修正海洋保育類野生動物名錄，將鯨鯊（豆腐鯊）列為海洋保育類野生動物。若有騷擾、虐待、獵捕、宰殺，違者可依《野生動物保育法》判處六個月到五年有期徒刑，得併科新台幣三十萬到一百五十萬元罰金。

種鯊魚很多，又不是保育類。我的船太小，本來還想抓更多。」

我曾經寫過一首詩，形容全球的「壽司」熱潮，如何吞食海洋：

青絲縛住
白色淚珠與
切片的魂魄
浸泡在黑與綠中
無聲呻吟
迴轉吧！修羅場

被海苔的青絲所束縛的，是如同淚珠的米粒以及各種被切片的魚，浸泡在醬油與芥末中。而坐在迴轉壽司旁的食客們，彷彿煉獄中的餓鬼，不知饜足地吞食著，又有誰聽得見海洋的呻吟、低泣呢？

讓原本的「食用魚」變成「觀賞魚」，這不是台灣身為海洋國家應該有的風範嗎？

一隻魚被捕上岸，了不起賣個幾千塊，甚至上萬塊，吃下肚就沒有了。然而，讓魚留在海裡，卻可以吸引觀光客，創造永續的產值。

政府一方面應該確實執行海洋生態保育，取締非法。另一方面，應該要有短、中、長程配套計畫，**讓漁民共享「生態觀光」所帶來的永續利潤**，進而轉型，保護生態，而不再竭澤而漁。

政府若能輔導漁民、盜獵者、釣客，發展生態觀光，而非鼓勵海鮮文化，讓原本的「食用魚」變成「觀賞魚」，這不是台灣身為海洋國家應該有的風範嗎？

魚群銳減，魚越來越小

令人傷感的是，台灣政府似乎態度消極。在政府默許下，漁民以保障生計為理由，不斷剝削海洋。

根據綠色和平基金會研究，過去三十年間，過度捕撈導致漁獲量銳減超過百分之九十，更有近超過一半的常見物種變得稀少。更令人憂心的是，魚市場超過七成的常見魚種，都是未達成熟就被捕撈。

而這樣的現象，在南方四島這個種原庫更加明顯。魚群的數量明顯銳減，而魚的體型逐年變小。

對於一般民眾而言，海洋資源枯竭只是媒體上的新聞，但是對於潛水員而言，海洋正在他們面前奄奄一息，性命垂危。

潛水員，可以聽見海洋的哭泣聲。

電影《女人香》中，一位高中生因為誠實受到了懲罰；反而是那些出賣朋友的學生卻逍遙法外。史雷德上校在為這位高中生辯護時說：「每當處在我人生的十字路口，我總是知道哪條路是正確的，沒有例外，我總是知道。但我從來沒去做，你知道為什麼嗎？因為正確的路實在他媽的太難走了！」

「大道甚夷，而民好徑」，明明是大道，一般人卻不走。只因為選擇正確的道路，往往篳路藍縷，艱難無比。

在南方四島，有一群人正在走著一條正確，但卻是非常艱難的道路。

雖然他們熱愛海洋，但因為得不到政府的後援，所以孤軍奮戰，橫眉冷對千夫指，苦苦撐持。

湛藍大海下的「寶特瓶海」

在碧砂漁港附近，有一大片超過籃球場大小，像是味噌湯的「寶特瓶海」。

只有我們人類才製造得出這種大自然無法消化的垃圾。——Charles J. Moore，發現並提出「太平洋垃圾帶」的海洋學家

二〇二一年十月二日下午，在碧砂漁港附近的潛點海大後花園，向南方望去是海洋大學，西北方則是八尺門漁港。不遠處，社寮橋以優美的弧線橫跨海面。

風浪不大，水溫約二十八度。我穿上潛水裝備，咬著調節器，從船上跨步入水。

我的任務，是在全員出動前，先行探勘、確認海底垃圾的位置，並且以浮力棒（SMB）

標定入水點。

下潛後，海色因風浪揚沙而帶著淡淡黃濁，能見度約五至八公尺。我利用指北針，按照船長所指引的大致位置，緩緩與海岸平行移動，保持在等深線約十至十四公尺範圍內，迂迴前進，搜尋垃圾區域。

大約四至五分鐘後，沒想到，一大片「寶特瓶海」映入我眼簾。

可能是地形與海流的雙重因素，這個區域聚集了不計其數的寶特瓶。它們沉在海底，隨波蕩漾。其中大半因為被海水的鹽分、陽光紫外線雙重侵蝕，再加上波浪拍打，已然碎裂成數不清的塑膠破片。塑膠破片在水裡載浮載沉，彷彿是一大鍋透明的海帶味增湯。

極目所見，都是隨波蕩漾的塑膠垃圾。

將寶特瓶直接「掃」進網袋

這個場景令人心碎，但我卻無暇傷感。

我迅速取出浮力棒，充氣後，放上水面，並且確實將線軸固定於海底石塊下，以標定正確的位置。

我回到船上，將垃圾狀況摘要地向潛水員敘述，並且進行潛水簡報。

船長一再叮嚀大家，注意自身安全。所有的潛水員著裝完畢，拿著洋蔥袋，跳入海中，隨即跟著我所安置的線軸，垂直下潛。

雖然我們在水中無法交談，但顯然大家都被那一望無際的寶特瓶垃圾所震懾了。我們埋頭苦幹，雙手不停地清理垃圾。

但那裡的垃圾量非常大，逐一撿起寶特瓶，實在太慢，所以每個人都是張開洋蔥袋，將寶特瓶直接「掃」進網袋中。沒幾分鐘，一個袋子就裝滿了。

在下水前，我就已經請大家多帶一些洋蔥袋，所以每個人都裝了好幾袋，個個滿載而歸。這些寶特瓶都沉在海底，不但裝滿了海水，而且還塞了許多沙子，雖然浮力抵銷了部分的重量，但是提起來還是十分沉重。

於是，大家都拿出浮力棒，將垃圾綁在下方，希望如同放天燈般，將垃圾拉上海面。

然而，這些垃圾實在太多，也太重了。浮力棒勉強漂在半水中，怎麼也浮不上去，最後只好由潛水員拉著，慢慢踢出水面。

潛水船上的夥伴一看見浮力棒出水，便利用連著鐵鉤的木棒，將垃圾拉上甲板。寶特瓶垃圾一出水面，立刻變得非常沉重，要兩、三個人一起拉，才能把垃圾拖到甲板上。

來自山東的寶特瓶

大家回到船上，趁休息時間聊了起來，心情都很複雜。

一次就撿了這麼多的垃圾，真的很有成就感。但是大夥兒撿了半天，**眼看網袋全部都裝滿了，海底的垃圾卻彷彿沒有減少，又讓人十分憂心**。

兩支氣瓶潛水（通常一支氣瓶能潛四十至五十分鐘左右，視深度及個人耗氣量而定），我們帶了超過半公噸的垃圾上岸，其中**超過百分之九十五都是寶特瓶**。

這些垃圾究竟來自於何方？當然，其中有一部分是ＭＩＴ台灣製造，可能是遊客、釣客，甚至漁民隨手丟到海裡，或是河流夾帶陸地的垃圾，最後全部排入海中。

但值得注意的是，有潛水員發現來自於昆嵛山國家級森林公園六度寺村的寶特瓶。六度寺村位於山東威海，與台灣東北角的直線距離大約一千三百七十三公里。

可能是由於從渤海灣一帶的中國沿岸流由北向南，這些寶特瓶也跨越大海，再加上東北季風夾帶，最後落腳於台灣東北角的海底。

海洋垃圾汙染是全球的危機

其實不只是寶特瓶，還有一種約手掌大小、紡錘狀的藍色浮球，被稱為「浙江魚」或「浙江藍」，也經常出現在台灣東北角、西部沿海、澎湖、綠島，且數量非常龐大。

這種浮球原本是被使用於刺網之上，可能是漁網破損後，浮球隨海漂流，從浙江來到台灣，距離至少四百至五百公里。

我在台灣東北角、澎湖南方四島時，都曾經在沙灘上發現大量的浙江魚浮球，撿不到十分鐘，就可以裝滿一大袋，每袋至少一百多支。

由此可知，海洋垃圾汙染是全球的危機，並不是特定國家或地區的問題。

海廢汙染隨著洋流的移動，牽一髮而動全身。冷流會將日本、中國的垃圾漂來台灣，而台灣的垃圾，同樣也會透過沿岸流以及自南向北的黑潮，向南、北放送，最後漂向全世界。所以，我們應該拋下過去自掃門前雪的心態，積極採取行動，緩解海廢的問題。

寶特瓶是一種一次性塑膠，用完即丟，真的很方便。但是，當潛水員跳入海底去清理時，不但危險，同時也很辛苦。更重要的是，大件的塑膠可能會被海洋生物吞食，造成死亡。

每人每週吃下一張信用卡

根據綠色和平基金會二〇二三年的統計，全球多達百分之五十二的海龜誤食過塑膠，有百分之九十的海鳥體內含有塑膠。

海龜為什麼那麼喜歡塑膠？愛吃水母的革龜，很可能將塑膠袋誤認為水母，故而吞食。赤蠵龜和玳瑁較常誤食保麗龍，而綠蠵龜則會誤食漁網（可能是因為看起來像海藻）。據研究，塑膠在海水中泡久了，會釋放出某種化學物質，聞起來很有海味，也會讓海龜誤認為是食物，造成海龜誤食。

看得見的塑膠，能夠透過海洋清潔撿上岸，還勉強能夠處理；**更令人憂心的問題，其實是塑膠破片或微塑膠**。

塑膠可以留存數千年，當它們被丟棄、掩埋後，並不會消失，而是不斷裂解或降解，變成越來越小的塑膠破片。

當它們的直徑小於0.5公釐，就會成為「**微塑膠**」。微塑膠的體積細小，表面積大，會不斷吸附各種毒素、環境荷爾蒙，然後**透過飲用水、食物鏈進入人類的生活**中，持續毒害著全球的生物。

《國家地理雜誌》在二〇一八年報導，**我們食用的食鹽，百分之九十以上都含有微塑膠**。

澳洲紐卡斯爾大學（University of Newcastle）的科學家，在二〇一九年也研究發現，全球每週每個人平均微塑膠的攝入量將近兩千顆，重量約五公克，大約等於每人每週吃下一張信用卡。

根據《有害物質期刊》（*Journal of Hazardous Materials*）二〇二一年的進一步研究，人類每年可能吃下三萬九千至五萬兩千個微塑膠顆粒。這些微粒雖然會排泄出去，但是它們所吸附的毒素與環境荷爾蒙，卻會嚴重危害健康。

英國《衛報》二〇二〇年報導：「胎盤中有塑膠微粒，科學家憂心已進入嬰兒體內。」猶他州立大學（Utah State University）的地質學家珍妮絲博士（Janice Brahney）於二〇二一年指出：「微塑膠散布全球，現在正懸浮在我們所呼吸的空氣中。」而《衛報》再度於二〇二二年的報導，指出「科學家首次在人體血液中檢測到微塑膠，而且近百分之八十的受測者身上都有」。

在塑膠垃圾裂解成微塑膠之前，就將它們妥善處理

如此嚴重的問題，我們不得不採取行動。最好能夠在塑膠垃圾裂解成微塑膠之前，就將它

們帶回陸地，妥善處理。

首先，撿塑不如減塑，我們應該盡量減少製造塑膠垃圾，因為**沒有被妥善焚化或回收的塑膠垃圾，無論經歷了多少的過程，最後的歸宿一定都是大海**。因此，自備餐具、杯、碗、袋子，減少製造一次性塑膠垃圾，是我們每個人都能從生活中做的。

其次，減少過度以一次性塑膠包裝的產品，因為這些包裝，大多只使用一次就會被拆裝、丟棄，永久成為塑膠垃圾。

如果真的不得已，必須使用塑膠製品，那也要盡量延長它的使用壽命，例如將這些塑膠妥善回收，也可以重複使用，並且再利用這些塑膠製品。

在不妨害健康的前提下，可以重複使用同一個塑膠袋、瓶子等。等到無法重複使用後，則可以將它們拿來用作其他用途，例如將寶特瓶拿來種花等。

我因為在大學教書，經常去高中協助輔導環保社團。我曾讓學生彩繪「浙江魚」（一種綁在刺網上的浮具，價格較低廉，多用於近岸捕撈），將原本無用的廢棄物，搖身一變，成為色彩繽紛的擺飾，這正是再利用的一種方式。不過，再利用時需注意，不要因而又製造更多不必要的垃圾。

此外，學習潛水，實際下海去清理海洋廢棄物，也是一種貢獻自我、捍衛環境的積極行動。

當然，淨灘也不可或缺，可以避免讓垃圾進入海洋，治亂於未亂。只是，一旦垃圾進入海洋，也就只剩下潛水員才有辦法潛進大海，進行清理了。

寫信給可口可樂、悅氏，請他們完整回收

然而，**無論一般民眾再怎麼努力地撿塑與減塑，都比不上製造者改善製程，負起回收責任來得有效**。

製造商在製造產品時，應盡量避免一次性塑膠包裝，例如塑膠袋、收縮膜、塑膠瓶等的使用。令人無奈的是，過去製造商僅負責生產，對於產品廢棄物的回收卻著墨甚少。換言之，製造者靠產品賺錢，卻不用負責廢棄物的回收，反倒是政府與民眾看不下去，自己掏腰包，花錢淨山、淨海。

製造商規避產品回收與再利用的成本，將之外部化，轉嫁到政府與民眾身上。例如生產瓶裝水的製造商，並不負責寶特瓶的回收。他們販賣瓶裝水營利，製造出來的垃圾，卻是政府與民眾花錢清理。想一想，真的很不合理，但卻很少人要求製造商負責。近年來，政府花費不少經費在淨灘與淨海，難道這些企業都不用負擔任何費用嗎？

近年來，ＥＳＧ觀念逐漸流行，也就是企業必須注重環境保護（Ｅ）、社會責任（Ｓ）

以及公司治理（G）。然而耐人尋味的是，台灣的瓶裝水、飲料製造商，似乎依舊沒有正視自己製造出的瓶罐，特別是寶特瓶，應該如何完整回收，以形成循環經濟。

我曾經寫信給台灣幾家規模龐大的瓶裝水製造商，例如可口可樂、悅氏，陳述相關的環境問題，並且要求明確改善。想當然耳，這些信都石沉大海。

製造商沉默，或許是為了規避責任，可以理解，但是民眾持續消費著瓶裝飲料，對於日益嚴重的垃圾問題，卻極少人發聲，要求製造商改正。

大多數的「惡」，是多數人的「默許」所產生

黑人人權鬥士馬丁・路德・金恩博士曾說：「我不害怕少數人的暴力，但我卻恐懼多數人的沉默。」大多數的「惡」，都是因為大多數人的「默許」而產生。

如今，政府積極處理海廢問題，民間也不斷出錢出力，下海清理寶特瓶以及一次性塑膠。然而，真正製造一次性產品，導致塑膠垃圾汙染的公司，卻彷彿置身事外，似乎這些問題與他們完全無關似的，這樣的態度令我非常詫異。

在一次性塑膠的「供需關係」沒有改善前，無論淨灘、淨海再怎麼蓬勃，問題依舊無法得到釜底抽薪的解決。無論我們再怎麼努力，寶特瓶的製造、消費速度，永遠更快。

還記得我在孩提時代，所有的瓶裝飲料都是用玻璃瓶，而且還可以拿回雜貨店回收。寶特瓶的出現，讓我們的生活更加方便，但卻在不到半個世紀的時間，形成了嚴重的生態危機。

該如何做，才能徹底解決一次性塑膠的浩劫？或許需要有魄力的政府、有道德良心的製造商，以及願意承受生活中的不便，以換取更好的明天的消費者三方攜手，才能讓問題出現曙光。

「瞇瞇眼」海龜是怎麼死的？

牠頭下腳上，倒栽蔥漂浮在海底，看起來剛死去不久……

唯有了解，才會關心。唯有關心，才會幫助。唯有幫助，一切才會被拯救。——珍古德博士

第一次遇見綠蠵龜「瞇瞇眼」，是在墾丁後壁湖的核電廠出水口左側。

那天，當我正沉醉於海底的美景時，眼角餘光突然瞥見一個熟悉的身影。是……海龜嗎?!我的腦中突然閃過一個念頭，但又不太敢確定。因為在當時，墾丁後壁湖出水口附近，出現海龜的機率並不高。

我轉過頭去，定睛一看，心中雀躍不已。

一隻大約六十至七十公分的小綠蠵龜，正從我身邊游過，接著牠停在一片珊瑚旁，緩緩轉了一圈，然後棲息在珊瑚下方，隨著輕柔的浪湧飄搖。

隨著浪湧擺動，磨去背上的藤壺、藻類

全世界共有七種海龜，台灣可以見到五種，包括赤蠵龜、欖蠵龜、玳瑁、革龜，以及知名度最高的綠蠵龜。

如何辨認海龜的種類？可以從牠們背甲上的中央盾、側盾，以及前肢爪、前額鱗片這四個特徵來判斷。

例如綠蠵龜的前肢上面有一對小爪，交配時，雄龜可以「鉤」住雌龜的殼。在龜甲上，綠蠵龜具有五塊中央盾，與左右各四塊的側盾。不過，快速辨識綠蠵龜的方法，是看牠的前額鱗片。綠蠵龜的額頭只有兩塊鱗片，明顯與赤蠵龜、欖蠵龜、玳瑁的四片不同，而罕見的革龜則沒有前額鱗片。

海龜的背甲上經常會附著藤壺、藻類，因此牠們喜歡待在硬珊瑚或是岩石底下，隨著浪湧擺動，磨去背甲上的附著物。

清理背甲其實滿花時間的。一角磨乾淨了，就要換個方向與角度，再繼續磨。因此，勤勞

的海龜背甲都乾乾淨淨的，而懶惰的海龜，背上就會布滿青苔，很像一個長久沒刷牙，累積黃垢的「苔垢龜」（骯髒鬼）。

我們遇見的這隻小海龜，牠的背甲非常乾淨。沒有青苔、藤壺，只有磨甲的痕跡，一看就知道是個愛乾淨、勤洗澡的好寶寶。

我先停下來，向學生比了比「海龜」的手勢（即比「六」且左右搖晃），示意學生緩緩呼吸，氣泡聲不要太大，也慢慢踢動，一切動作都盡量放慢，別驚擾海龜。接著，我們才默默靠近。

小海龜半瞇著雙眼，看到我們接近，可能覺得沒有什麼威脅性，因此繼續待在珊瑚下方，神態從容、悠閒。

這隻海龜的體型不大，以海龜動輒百歲的年齡來說，牠還是個小朋友呢！

幫牠取名「瞇瞇眼」

我們靜靜待在海龜身邊，拍了幾張照片。

我們盡量輕柔而緩慢地呼吸，深怕氣泡聲趕跑了牠。

而小海龜就這麼悠閒地，在我們眼前隨波飄擺，恍如徐志摩〈再別康橋〉筆下，悠悠招搖的青荇。而我們，則像是徜徉在大海柔波裡的快樂海草。

因為這隻海龜始終瞇著眼睛，慵懶地棲息在珊瑚下，所以我就叫牠「瞇瞇眼」吧。

回到岸上後，我興奮地與其他教練分享發現瞇瞇眼的消息。大家都很驚喜，紛紛想要下水去尋找牠的蹤跡。畢竟那個時候，在後壁湖看見海龜，還是相當難得的事情。

而學生更是無比興奮，不在小琉球，卻能看見海龜，還是在潛水結業的當天，實在太令人難忘了。大家都開玩笑，這一定是因為她人品很好，平常有扶老太太過馬路，才能見到別人看不見的生物。

回到北部後，我經常想起瞇瞇眼。除了與朋友、學生分享牠的可愛照片外，我也常惦念著牠是否一切安好，期待著下次重回墾丁，再去探望牠。

辨識海龜身分的方式

再次看見瞇瞇眼的消息，是兩個月後，在一位潛友的臉書裡。

瞇瞇眼在雀屏珊瑚附近被發現。影片中，牠頭下腳上，倒栽蔥漂浮在海底，看起來剛死去不久。

影片中的牠，依然瞇著眼睛，只不過眼神早已經失去了生命的光采。

海裡的海龜不只一隻，如何確認死去的海龜就是瞇瞇眼呢？

海龜的身分其實可以透過臉部兩側的鱗片斑紋確認。**海龜臉部的斑紋，如同人類的指紋，都是獨一無二的，而且左右臉的紋路都不一樣**。因此，藉由Photo ID（photo identification的簡稱，指透過照片鑑定）軟體來判讀、記錄海龜臉部的斑紋，就可以確認牠們的身分。

瞇瞇眼死去後不久，我就將牠生前的照片，以及死後臉部同一側的照片，上傳到臉書社團「海龜點點名」。

很快就得到了令人心碎的確認。的確，死去的就是瞇瞇眼。

大家都在問，瞇瞇眼是怎麼死的？

有專家說，小海龜的肺部發育還不完全，在水溫突然下降時，無法像成龜一樣，躲到深海避寒，因此容易在淺海處被凍死。

然而，墾丁位處黑潮支流，核三廠冷卻水也讓海水增溫，後壁湖當年的海面水溫都在二十一度到三十四度之間，月均溫是二十六度，甚至還因海水高溫引發大規模的珊瑚白化，不太可能會凍死海龜。

瞇瞇眼的身上沒有外傷，也沒有遭到釣線、漁網纏繞，所以看起來也不像是被困在海裡，無法到海面換氣而死亡。

那麼，是體內有什麼寄生蟲嗎？又或者，是因為吃進了塑膠袋等垃圾，卡在腸胃，造成死亡呢？

每一隻海龜的肚子裡都有塑膠

瞇瞇眼的死因不明；然而，根據海生館分析其他海龜排泄物後，發現幾乎每一隻海龜的腸胃道中都有塑膠垃圾。

只是牠們肚子裡常見的垃圾，並不是一般熟知的塑膠袋，也不是吸管，而是硬塑膠破片，顏色以白色為主。是的，「硬」塑膠。

這些異物，會造成海龜脫水、腸胃道炎症和腎臟疾病，最後引發死亡。

更令人憂心的是，在恆春的海魚的腸胃道中，幾乎百分之百都含有海廢塑膠。而恆春半島，其實是台灣相對乾淨的海域，如果連恆春都如此嚴重，其他地方真的不堪設想。

垃圾最後都會回到人類身上

瞇瞇眼的死亡，讓我看見海洋除了美麗的一面，更蘊含了許多不為人知的哀愁。

在一般人的生活中，隨手丟棄一次性塑膠，那是再自然不過的行為。然而，這些塑膠，卻未必能夠被回收、焚化，而是輾轉透過各種管道，進入自然環境中，最後都回到了海洋。

雖然海底乍看之下既乾淨又美麗，但是如果仔細檢視，就會發現各種塑膠破片隱身在底沙、珊瑚縫隙中。

這些塑膠廢棄物受到紫外線、海水鹽分、浪湧拍打等作用，會逐漸裂解，而只要它們的尺寸夠小，就會被海洋生物吃進肚子裡。

這些塑膠破片所夾帶的毒素、環境荷爾蒙，會被海洋生物吸收，儲存在脂肪，再通過食物鏈，被「吃」進人體。又或者，塑膠破片堵塞了海洋生物的腸道，在被人類吃下肚之前，就先讓牠們魂斷海底。

當然，沒有人能夠斷定瞇瞇眼就是死於海洋廢棄物。然而，無可否認的是，牠所身處的環境，確實充斥著各種塑膠破片，特別是在颱風過後，風雨將垃圾沖入海洋，而海水受到擾動後，彷彿是一鍋「塑膠蛋花湯」。

看著瞇瞇眼最後的身影，我不禁想起印第安酋長西雅圖所發表的演說〈我們怎能販賣空氣〉中的呼籲：「大地是我們的母親。大地的命運，就是人類的命運。人若唾棄大地，就是唾棄自己……若汙穢了你的床鋪，你必然會在自己的汙穢中窒息。」

西雅圖說的雖然是「大地」，但其實「海洋」不也如此？**海洋的命運，就是我們的命運**。而倘若我們持續汙染海洋，雖然率先死去的是海洋生物，但惡果終究會回到我們自己的身上。

我開始思考，未來我的孩子，是否還能看見美麗的海洋？抑或是等到他們長大以後，大海已經成為只剩水母與垃圾的濃湯？

身體力行，我隨身攜帶杯子、餐具、餐盒、袋子

瞇瞇眼的離開，讓我更加明確地知道，清除海洋垃圾，減少製造塑膠垃圾，實在刻不容緩。於是，我開始身體力行，隨身攜帶杯子、餐具、餐盒、袋子，盡量減少自己製造塑膠垃圾的機會。此外，我也積極參加各種淨灘、潛水淨海活動，一方面減塑，另一方面也撿塑。

我甚至因此擔任我所任教學校的課外活動指導組組長，因為我發覺每年舉辦的園遊會，都會製造大量塑膠垃圾。因此，我在籌辦園遊會時，便嘗試透過「餐具租借」，並且與各攤位

開會溝通，改善食品包裝、販售流程，減少一次性塑膠垃圾。

近年，我成立了「台灣淨海協會」，一方面號召潛水員淨海，一方面到全台灣各中小學宣導，邀請學生參加海廢分類活動，讓學生「目擊」潛水員將垃圾從海裡撈上岸，讓他們與潛水員互動、問答，並且實際參與分類，看見海廢問題的嚴重性。

未來，孩子們還能看見美麗的大海嗎？

有時，看見學生發現海洋塑膠問題嚴重性時，表情憂心忡忡，我會對未來充滿希望，然而當他們在豔陽下，仍然拿出寶特瓶喝礦泉水時，我又會從內心深處掀起一陣無力感，深刻體會到「減塑」的「知易行難」。畢竟，一次性塑膠實在太方便了。

每當心灰意冷時，我就會想起瞇瞇眼漂浮在海中的寂寞身影。

西雅圖曾說：「倘若所有的動物都消失了，人類將死於心靈最深處的空虛寂寞。」瞇瞇眼的身影，讓我明確感受到了那種失落與空虛。

或許，我們的努力沒有辦法立刻扭轉人們的行為，但是至少能夠讓他們開始「認知」事情的嚴重性，而這就是「改變」的開始。

我希望，「改變」能夠讓大海恢復元氣，甚至變得更好。等到我的孩子長大後，都還能夠看見大海的美麗。

雖然不多，但是讓我們每個人都做一點「改變」，好嗎？

「小秋」海龜失蹤了

小秋親人、愛玩，甚至有一回要壁咚我……

塑膠不只汙染海洋與水源，也扼殺海洋生物。消費塑膠的我們無一能逃，全都受害。——Marco Lambertini，國際貨幣基金總裁

二〇一八年十一月，小琉球迎王慶典後，大家紛紛在網路上討論，網紅綠蠵龜小秋失蹤了。

大家互相安慰，小秋可能長大了，所以游回了出生地。

綠蠵龜對於原始棲地的忠誠度非常高。公龜與母龜成熟後，都會在產卵季前夕，從覓食的棲地洄游到出生地，進行擇偶、交配。或許，小秋就是「返鄉」去尋找伴侶了，然而，誰也無法確定……

因為當時小秋尚屬於亞成龜，還沒有到完全發育成熟的程度，應該還不到離開的時候。而即使小秋真的回到出生地交配了，在季節結束後，綠蠵龜也應該會返回覓食棲地。

令人失望的是，小秋一直沒有回來。

大家都很擔心，小秋究竟發了什麼事情。

是吃進太多海洋垃圾，導致死亡嗎？還是被船隻的螺旋槳打到受傷了呢？又或者，是遭到漁民「混獲」而被捕上船了？甚至，是被有心人盜獵抓走，甚至殺害了嗎？

一般的海龜僅有編號，但小秋擁有自己的名字

潛水員們之所以如此關心小秋，是因為牠與眾不同。

在公民科學研究網站「海龜點點名」中，小秋的編號是 #TW01G0087。普通海龜的身分確認，是以 Photo ID 來辨識海龜臉部的斑紋。功能就像是人類的指紋，而大家通常也就用編號來稱呼牠們，就像周星馳電影《唐伯虎點秋香》中，剛進府的唐伯虎沒有名字，只有代

號9527。

但是，小秋實在太特別了，任何人都可以立刻認出來，而且非常有親切感。因此，沒有人用代號稱呼牠，牠擁有自己的名字。

一般的海龜看見潛水員靠近，甚至大老遠聽見潛水的氣泡聲就會離開；即使不游開，海龜大都半睜著眼睛，十分慵懶，不會主動與人互動。

但是，小秋不一樣，牠非常親近人，甚至有點瘋癲。**只要一聽到潛水員下水的聲音，小秋就會主動靠近，與潛水員共游，甚至熱情地與人類「肢體接觸」**。

在當時的小琉球，如此好客的綠蠵龜僅此一隻，別無分身。

由於隨意觸碰海龜，可能被罰款三十萬；所以小秋的主動接觸，總是讓潛水員既期待又怕受傷害。

深愛與人互動的小秋

小秋為什麼如此熱愛與人類接觸？聽說這與牠小時候經常被餵食秋刀魚有關，而這也是牠的名字——小秋的由來。

曾經有位寵物溝通師詢問小秋，牠為何如此喜歡人類。

小秋回答：「人類覺得我們海龜特別，但是我覺得你們人類更特別。每次看見你們，我心裡都會『哇喔！』發出驚嘆耶！」

或許就是因為對人類充滿好奇心，小秋才會不斷與人類接觸吧。

不過，在台灣，野生動物與人類走得越近，就越危險。因為牠們可能在毫無戒心之下，遭到戲耍、淩虐，甚至捕殺。因此，**我每次在水底看見一些較為罕見的生物，都會在心中默念，希望牠不要被其他人發現，然後要懂得害怕人類、要躲避人類**。

因為，即使是無心之過，人類的活動仍可能會傷害牠們。例如小琉球的另外一隻人氣海龜「小破洞」，牠的左後方背甲就疑似被船隻螺旋槳打到，而造成缺角。

然而，小秋沒在怕，牠親人、愛玩，充滿好奇心。

小秋想「壁咚」我?!

我與小秋的初次邂逅，是在二〇一六到二〇一七年。當時，我剛學潛水不久，非常著迷，經常搭高鐵一日往返小琉球，潛水四支，再搭船回台灣。由於我大多都是選沒有教課的非假日南下，所以小琉球不但陸地上門可羅雀，海裡也是人煙稀少，我總是可以獨享海龜。

每次我從潛點龍蝦洞下水，小秋一聽到氣泡聲，就會像熱情的狗狗般，在我們身邊打轉，繞著我們游來游去。

因此，我們完全以逸待勞，不用追逐，海龜就會直接來與我們「正面接觸」。

我經常與小秋並肩同游，甚至還請導潛幫我們同框合照。

初次感受到被海洋生物如此青睞，感覺真的非常受寵若驚。

後來我才知道，小秋其實對每一個潛水客都這麼熱情，並不是獨厚於我啦。

有次，小秋突然緩緩轉向我。一瞥見小秋朝我游過來，我下意識地想要閃躲，但是另一邊就是珊瑚礁岩壁，無法迴避，我心中小鹿亂撞。

牠……是想「壁咚」我嗎?!

說時遲，那時快，只見小秋離我越來越近，牠的「右手」無預警搭上我的肩頭，嘴巴微張，臉湊了過來。

我腦中一片空白：「不……不行啊！我……咬著調節器啊！」

當我還沒反應過來時，小秋直接將前肢按在我臉上，賞了我一巴掌，然後緩緩上浮。

原來，小秋是要回水面換氣啊！

我相信很多人都跟我一樣，有許多與小秋的美好回憶。

有時候，我會陪著小秋，看牠在海底礁石下磨背甲。

有時候，我也會看著小秋在海床享用海藻。牠那大快朵頤的模樣，連我都想吃一口。

熱愛與人「碰瓷」，製造「假車禍」的傑尼龜

最後一次看見小秋，是在二〇一八年三月二十三日。當時，我還將照片上傳到「海龜點點名」，經過 Photo ID 比對，的確是小秋「本龜」無誤。後來，我在學校接了行政，忙於工作、教學，閒暇時間也幾乎都在墾丁與東北角教潛水，難有機會回小琉球探望小秋。

就這樣，那次的見面，竟是小秋與我的最後一次邂逅。

可惜當時我們沒有留下聯絡方式。茫茫大海，可能難以再相見了吧？

小秋離開後不久，又出現了另外一隻與人十分親近的傑尼龜。牠一樣喜歡與人互動，甚至一樣熱愛故意與人「碰瓷」，製造「假車禍」。

也有寵物溝通師問傑尼龜，為什麼牠那麼喜歡觸碰潛水員。

傑尼龜回答，牠覺得人類手忙腳亂的樣子，十分有趣。

猶如「海龜天堂」的小琉球

傑尼龜的出現，快速填補了大家失去小秋的缺憾。而小琉球的遊客人數，也在逐年攀升。無論是小秋，還是傑尼龜，都定居在小琉球，一個陸地面積僅有6.8平方公里，卻擁有超過一百隻海龜定居的「海龜天堂」。

新冠疫情期間，因為沒有人打擾，生態環境得以休息。二〇二一年海龜單日出現數量，竟然曾經攀升至八百零五隻。

也因此在小琉球，水下直擊海龜的機率高達八成到九成。所以潛水員常開玩笑，如果去小琉球潛水而沒有看到海龜，那麼這個人的人品肯定有問題。

小琉球會聚集這麼多海龜，一方面是因為它是個珊瑚礁島嶼，食物來源充沛，而且有許多洞穴，可供海龜棲息。

另一方面，在當地的傳統信仰中，龍、鳳、麒麟、龜為四大神獸，耆老居民皆不會獵捕海龜，甚至有海龜救人的傳說，也因此創造了海龜生存的友善環境。

其次，自二〇一三年開始，小琉球「距岸3浬（大約5.6公里）海域禁止使用各類刺網作業，並禁止攜帶各類刺網具，進出琉球各漁港」，也降低了海龜遭誤捕、死亡的數量。

汙水＋垃圾，是小琉球的隱患

海龜聚集，為小琉球帶來了人潮與錢潮，但**過度觀光的同時，也對環境形成了極大的負擔**。

過去小琉球沒有汙水處理設施，生活、觀光汙水直接排入大海，甚至連小琉球的名產麻花捲所產生的廢油，也對環境產生衝擊。這些廢水、油脂造成潮間帶的生態被嚴重影響，珊瑚的覆蓋率大幅降低。

許多小琉球的當地居民自發性採用環保洗潔劑、洗髮精、沐浴乳，並且勸導遊客減用防曬乳等，希望改善環境。

而屏東縣政府在小琉球所興建的聚落汙水處理設備，二〇一七年正式營運，解決了部分的汙水問題，但是以不斷攀升的遊客人數評估，小琉球至少還需要五座的汙水處理設施。二〇二三年，小琉球的第四座汙水處理廠啟用，汙水處理率達到百分之九十，但卻仍然有最後一哩路需要完成。

除了汙水問題，垃圾也一直是小琉球的隱患。

小琉球曾經興建過焚化爐，卻因為每日的焚化量不足、戴奧辛汙染、營運成本過高，焚化爐閒置十多年，小琉球的垃圾仍需運回台灣本島的崁頂焚化爐處理。而在處理前，堆置的垃圾也形成許多問題。

此外，小琉球距離高屏溪、東港溪約十三公里，這兩條溪的出海口經常聚集大量垃圾，一有颱風，或是海流夾帶，小琉球就會成為垃圾進入台灣海峽前的第一站。

據統計，**小琉球**每年的垃圾量高達一千九百公噸，其中**的塑膠垃圾占大多數，成為海龜生存的嚴重威脅**。

在小琉球，海龜誤食塑膠袋早已不是新聞。海龜吃進塑膠袋，然後從肛門排出的，還算幸運；一旦卡在腸道，那就勢必會造成海龜死亡了。

因此，雖然小琉球經常舉辦淨灘、淨海活動，同時也有極富創意的「海灘貨幣」，鼓勵撿拾垃圾，當地也在推行垃圾減量，但是因遊客人數而造成的環境垃圾問題，仍然急需解決。

如何維護小琉球這世界級的海龜之家？

我曾在騎機車環小琉球時，看到海邊的燒烤店聚集了大批遊客，一輪吃完，又換一批人坐下。遊客大快朵頤後，滿桌的一次性垃圾，一陣風吹來，塑膠滿天飛。

我們不願去苛責燒烤業者，更不願責怪光顧燒烤店的民眾。只是，如果希望小琉球的觀光永續，如果小琉球要成為海龜的避風港，那麼我們每一個人，都應該要自發性地去維護這世界級的海龜之家，小琉球的美才能永續、長久。

雖然目前小琉球的海龜數量仍然很多，但是爆炸的遊客量，已經令整體的海洋環境惡化，衝擊當地生態，甚至連潮間帶的生物，都在大量遊客踩踏之下，面臨嚴重生存壓力。

屏東縣政府已經在二〇一二年，開始對潮間帶實施遊客總量管制，但是在人潮、錢潮之下，脆弱的環境仍然抵擋不了觀光所帶來的沉重壓力。

更何況，登島的總量管制一日不建立，這個小島終究會在每年破百萬遊客人次的壓力下，發生生態崩潰的慘劇。

犧牲「近利」，生態環境才得以喘息

二〇一八年，菲律賓總統杜特蒂鐵腕下令觀光勝地長灘島「封島」半年，整頓環境與生態。這個決定雖然獲得社會各界的一致好評，但卻遭到當地居民強烈反彈，甚至引發抗議活動。

誠然，封島可能衝擊當地居民的生計，而菲律賓政府可以透過更完善的配套措施，來協助居民挺過封島。然而，菲國政府敢於得罪民眾，在環境生態保育以及當地民眾生計的天平兩端，選擇了前者，非常令人敬佩。

畢竟，民眾為了討生活，即使看得見生態危機，卻不願放棄既得利益。只有政府硬起來，為了長遠永續的發展，而犧牲眼前的「近利」，生態環境才會有得以喘息的機會。畢竟，雖然海龜帶來了商機，但是過度的觀光活動，卻也影響了包括海龜的各類生物。

倘若有一天，海龜不再定居，小琉球的未來又在哪裡呢？

台灣是吞食海洋的「海洋國家」?!

依據《國家公園法》，國家公園禁止狩獵動物或捕捉魚類，但墾丁國家公園不但海產店多，還經常販售一些過度捕撈、面臨生態危機的物種。

為了拯救海洋，我們可以選擇永續的食材，並且留意所吃的海鮮來源。——Carl Safina，美國生態學家

我曾經在墾丁帶過兩位來自德國的潛水客。他們一方面對於墾丁海底的美景印象深刻，另一方面卻十分好奇地問我：「墾丁不是國家公園嗎？為什麼有這麼多海產店呢？」

後來，陸續也有不少國外的潛水客問過我類似的問題，我都感到難以回答。

墾丁國家公園販售過度捕撈、面臨生態危機的物種

在國家公園裡出現海產店或許並不違法；只是國家公園與一般的風景區畢竟不太一樣，不僅僅是讓遊客吃喝玩樂的遊憩據點而已。

國家公園肩負著生態保育以及環境教育的任務，是透過政府的力量，讓大自然不要受到人類開發與汙染傷害的諾亞方舟。

在國家公園中，遊憩與觀光不是第一順位，**優先的是生態保育**，並且在保育有成後，容許民眾在不破壞環境的前提下，一窺其中美景的生態旅遊。

然而，墾丁國家公園不但海產店多，還經常販售一些已經過度捕撈、面臨生態危機的物種。例如，後壁湖附近經常會看見野生龍蝦粥。

在《台灣海鮮選擇指南》中，波紋龍蝦、錦繡龍蝦都屬於「避免食用」的紅燈等級，在海裡也並不多見，即使有，也都很小隻，但是在墾丁國家公園的海產店，遊客卻可以一嘗其美味，而且大多是來不及長大的小龍蝦。

在紅柴坑，我曾在海產店門口看到俗稱馬糞海膽的白棘三列海膽，甚至還有棘冠海星的天敵，號稱世界四大名螺之一，目前已經相當稀少的大法螺。

除此之外，我也在墾丁各地的海產店，看見蝶魚、棘蝶魚（亦稱刺蓋魚或天使魚）、刺尾鯛（倒吊）等，而這些生物，也全部都在「避免食用」的紅燈等級，但是卻大剌剌地出現在海產店門口的玻璃水箱中。

台灣曾經是蝶魚王國，根據中研院生物多樣性中心前主任邵廣昭教授統計，全球有一百一十五種蝶魚，台灣可見其中的四十五種，而棘蝶魚全球共七十四種，台灣有二十八種，在種類上，堪居全球之冠。

然而，**在水族館與海產店雙重夾殺之下，美麗且色彩豐富的蝶魚數量已經嚴重銳減**，包括華麗蝴蝶魚、網紋蝴蝶魚、麥氏蝴蝶魚、鞍斑蝴蝶魚和本氏蝶魚等五種，在台灣幾乎已銷聲匿跡。過去常見的二色棘蝶魚（現名二色刺尻魚）也快看不到了。

眼前的料理，我真的無法動筷子

有次，一位朋友南下墾丁，我們一起在恆春附近的一家餐廳吃飯。剛到門口，我就被玻璃水箱裡一隻皇后神仙亞成魚所吸引。

這種棘蝶魚長成之後十分美麗，黃底藍條紋，雍容華貴，難怪英文名稱會以帝王來稱呼。一般來說，皇后神仙都是拿來當作觀賞魚，價格也很高。我在帛琉、墾丁與東北角都看過這種魚，但是體型差距很大。我一直到去了帛琉，才知道原來皇后神仙的體型可以長到那麼大。

我駐足欣賞了很久。這隻魚還沒有完全成熟，身上還是藍、白色的環紋，我想店家可能是從附近的海域抓上來，打算養大後再賣去水族館吧。

朋友們都到齊後，我們一起進了餐廳。大家許久未見，話匣子一開，停不下來。

突然間，一盤魚熱呼呼地端上了餐桌，隱約就是門外的那隻皇后神仙。

我有點兒難以置信，試探著問：「這隻魚是？」

「哈哈！就是門外的那隻皇后啦！很好奇牠吃起來感覺怎樣，今天就要來品嘗看看！」

我難掩心中的震驚，看著大家若無其事地伸出筷子，一口又一口吃著平時難得能在海中一見的皇后神仙，而且還是隻尚未成熟的青少年，我的心中百感交集。

看著皇后神仙被「糖醋」，這筷子，我真的夾不下去。

精神分裂的違和感，似乎是許多台灣人的日常

當然，棘蝶魚並不是保育類動物，吃牠，也不犯法。

只不過，我有點難以理解，在座的每一個人都經常潛水，應該非常明白野生的皇后神仙在

海中並不多見。而他們應該也知道，這隻魚如果能夠留在海中長大，可以變成多麼高貴而美麗的天使魚。

吃掉牠，頂多也就是千把塊錢，但是**將這隻皇后神仙留在海裡，卻可以創造更高的觀光產值**。

但當我驚嘆於皇后神仙的美麗時，別人心中想的竟然是「不知道好不好吃？」以及「一兩多少錢？」

我曾帶一位浙江某大學的教授去台灣東北角的龍洞潛水，那天，我們不能免俗地造訪了軟絲產房，欣賞一串串的軟絲卵，並且尋找剛孵化的小軟絲。

那位教授上岸後，眉飛色舞地談論著剛剛看見的軟絲有多可愛，正興奮時，一碗軟絲米粉就端上了桌。因為，軟絲米粉是東北角的名產。

「我覺得自己有點精神分裂……」她哈哈笑著說：「剛剛還在跟軟絲共游，欣賞牠們的美麗。現在卻坐在餐桌上，看著牠們被切成一段一段！」

我笑了笑，無法回應。因為我也經常覺得自己「精神分裂」。

剛帶完潛水客「觀看」軟絲的美麗，路邊的小吃攤卻邀請遊客「品嘗」其美味。

這種體驗美其名是視覺與味覺的跨感官饗宴，但在我內心深處，真的有種錯亂感。

我想起還沒上幼兒園前，家裡曾經養過幾隻雞，我與牠們的感情都很好。後來這些雞被燉成了湯，我一邊哭，一邊喝著湯。那種既心痛又美味的感覺，成為了我成長過程中，一直很難釐清楚的矛盾情結。

然而，在台灣，這種精神分裂的違和感，似乎是許多人的日常。

台灣隨處可見的鯊魚煙，原料是「近危」物種

台灣是獵捕鯊魚的前五大國。每次去基隆的潮境公園附近，都會被醒目的鯊魚煙招牌吸引。

事實上，許多魚丸、魚板、黑輪、竹輪也都會使用鯊魚作為原料。在二〇一三年，荒野保護協會與中研院所做的「愛鯊ＤＮＡ檢測計畫」中，發現台灣市售的鯊魚產品中，屬於國際自然保護聯盟（ＩＵＣＮ）所列「近危」的鯊魚高達百分之九十八，包括淺海狐鮫、平滑白眼鮫、灰鯖鮫、鋸峰齒鯊。「易危」則超過百分之五十。

此外，紅肉丫髻鮫、白肉丫髻鮫、汙斑白眼鮫（又稱花鯊，二〇一三年起禁捕）與大白鯊，更是ＩＵＣＮ中的「瀕危」等級，其族群比非洲象或是北極熊族群還難以恢復。

漁業署在二〇一二年，開始推動「全鯊上岸」，希望避免因為魚翅而產生割翅棄鯊的殘忍漁法，是亞洲第一個推動相關法案的國家。

而過去可能被製成鯊魚煙的鯨鯊，台灣也已經在二〇〇八年開始全面禁捕（不過，鯊魚煙的另一種原料——條紋斑竹鯊其實也是「近危」物種）。

但一直到今天，**相關的法規究竟有沒有確實執行呢**？我們是否依舊持續在吞食著生存遭受威脅的鯊魚呢？一想到台灣的執法嚴謹度，我萬分存疑。

台灣普遍使用的底拖網，是「鬼網」

除了鯊魚，在二〇二三年，台灣的拉麵與壽司業者將大王具足蟲端上餐桌。這種生物雖也非保育類，然而卻是底棲性生物，牠們生活於數百公尺，甚至上千公尺深的海底，這樣的生物怎麼會被捕捉上來呢？靠的就是底拖網。

底拖網是一種「破壞型漁法」。顧名思義，就是讓漁網像推土機一樣在海底拖行。為了沉在海底，勢必使用體積龐大、極度沉重的網子。因此底拖網所到之處，海床的生態將被無情刮除，無一倖免。

深海的水溫低，人跡罕至，生態原本相對穩定；但經過底拖網蹂躪，往往數十年都難以恢復。

而一旦網子遭海底的岩石卡死，被迫丟棄，龐大的漁網就會成為長期扼殺海洋生物的「鬼網」。

底拖網的可怕之處，不只在於大規模、無等差的毀滅，也在於「混獲」。無論是正在繁殖的、尚未成年的、保育類的，全部一網打盡。

這些被捕捉上來的生物，經過一番折騰，大多奄奄一息。但若不是目標魚種，往往遭到丟棄，或是被製作成魚漿、魚粉。

根據二〇一八年的統計，被底拖網捕捉，無辜遭丟棄的漁獲，高達百分之六十。

如此恐怖的漁法，台灣卻普遍使用。

曾有立委在二〇一四年提議禁止底拖網，但卻因為漁民強烈反彈而作罷。

目前，仍有許多的底拖漁網在蹂躪海床。更可怕的是，許多的中國漁船，也經常在台灣附近的海域進行底拖網作業，台灣政府卻沒有任何辦法。

大海彷彿是一個乏人管理的灰色地帶，深山裡有巡山員，盜獵、盜採都會受到重罰。但是在海裡，卻鮮少受到監督、規範。

近年來，海保署終於招募了巡海員，但成效如何？仍待觀察。

台灣也能擁有永續的生態旅遊嗎？

魚，真的只能被捕上岸來，然後被生吞活剝地吃掉嗎？

在馬爾地夫，有八間海底餐廳，這些餐廳分別位於海面下五至七公尺。有些是透明的海底隧道，有些則是三百六十度的環景窗，可以讓遊客被海底的美景包圍，並飽覽珊瑚風光。遊客一邊享受美食、美酒，一邊欣賞窗外優游的各色魚群、海龜，不時還有鯊魚梭巡，而食材呢？則是養殖魚類。

這樣的旅遊方式不但優雅，而且永續。

更重要的是，這樣的生態旅遊，一點也不讓人「精神分裂」。

維護海底的生物多樣性，讓它展現美麗，遠比吞食牠們好得太多。

台灣擁有如此美好的海底資源，卻在過度捕撈之下，只能苟延殘喘地勉強生存，而我們還有機會，**將「海鮮文化」真正轉型為「海洋文化」**，取得海洋生態與飲食、觀光之間的平衡點嗎？

消失的小丑魚

《海底總動員》電影上映後，小丑魚再度面臨過度捕捉的嚴峻考驗。

當大自然被當作了獲利的來源，這個社會將面對嚴重的後果。——教宗方濟各

有些潛水員喜歡不斷探索新的潛點，我當然也不例外；然而，我更喜歡造訪同一個潛點，例如墾丁的出水口，或是東北角的龍洞，這些都是我潛過數百支氣瓶的老地方。

確認海底的「老朋友」一切平安

對於一個潛點熟悉之後，就可以更加專注於觀察生態，發現新的驚喜，一方面溫故，另一方面知新。

此外，許多的海底生物都具有地域性。牠們會固定居住在同一個地方，或是在固定的時間出沒，所以我經常下水去拜訪牠們，就像拜訪老朋友一樣。確認牠們一切平安，也成為我潛水的重要樂趣。

說到長期定居，那麼小丑魚長年居住在同樣一隻海葵裡，絕對是海底最忠實的住民。對於潛水員而言，小丑魚是一種很特殊的存在。牠不像鯨鯊、鬼蝠魟、鯊魚、隆頭鸚哥魚或蘇眉魚這些大物，小丑魚只能算是小不點兒。與蝴蝶魚、蓋刺魚相比，小丑魚也並不算特別的色彩豐富、搶眼。然而，**小丑魚卻是最令潛水員難忘的「最佳配角」**。

潛水界經常開玩笑，每次在岸上做潛水簡報時，講到當地有什麼生物，下水時往往看不到，反而是那些在簡報時沒有被提到的，總會出其不意地出現。所以潛水時想要看見好物，一定得靠人品。

教練下水前，也都不敢把話說得太滿，畢竟沒有期待，就沒有傷害。但是提到小丑魚，教練的底氣就非常夠了，目擊率接近百分之百。就是因為**小丑魚如此堅守崗位，牠們甚至可以成為海底導航時重要的參考物**。

可愛到太犯規

小丑魚是雀鯛的一種，因為與海葵有著互利共生的關係，所以又被稱為海葵魚。二〇〇三年，迪士尼動畫《海底總動員》裡的小丑魚尼莫（Nemo），「尼莫」這個名字就是從海葵（sea anemone）而來。

海葵為小丑魚提供保護與食物來源，而小丑魚則會將海葵打掃得乾乾淨淨。有些潛水員看見小丑魚時，會頑皮地撿一顆小小的石頭，投進海葵裡。此時，就會看見小丑魚用嘴巴叼起石頭，勤勤懇懇地把石頭移除。

特別是在繁殖期，小丑魚的清潔行為會更加明顯。

每次看到小丑魚這麼努力的樣子，我心中都會不禁吶喊，真是可愛得太犯規了！

永遠與敵人「正面對決」的小丑魚

而當遇到龐大的對手，勇敢的小丑魚就會從海葵裡游出來，升空迎戰。有些比較凶的小丑魚，還會發出叩叩叩的聲音，以嚇阻入侵者。而比較膽小的小丑魚，則會躲在海葵裡面，眼睛盯著對方。

但是無論如何，小丑魚絕對不會離開海葵太遠。因此，無論是潛水初學者，或是經驗老到的潛水員，都可以成功與小丑魚拍照。

每當經過小丑魚身旁時，潛水員很難不停下腳步。基於生物本能，小丑魚也總與潛水員「正面對決」。

許多初學水下攝影的潛水員，經常因為踢蛙鞋的動作太大，或是呼吸氣泡聲太嘈雜，而把魚兒、海龜嚇跑，最後只能拍到牠們的背影。

但是小丑魚打死不退，永遠出來面對。真是最佳模特兒，**小丑魚堪稱水下攝影初學者的天賜禮物**。

或許就是因為小丑魚如此配合演出，再加上身上鮮豔的體色，讓牠們總是在海底明星排行榜中名列前茅，同時也成為了《海底總動員》裡的主角。

母小丑魚是保護海葵家園的主要戰力

小丑魚在成熟前都是雌雄同體，而且天下為「公」，只有雄性，沒有雌魚。長大後，體型較大的小丑魚會變性，成為母魚，並且成為保護海葵家園的主要戰力。母小丑魚經常因為寸土不讓，而戰鬥得滿臉傷痕，甚至「為葵捐軀」。一旦母小丑魚陣亡，體型最大的雄魚就會頂替，轉變性別，成為「後母」。而一旦公魚變成母魚，就回不去了，無法再變回公魚。

所以，在《海底總動員》裡，媽媽死去後，爸爸馬林（Marlin）應該會變成母魚才對。不過，如果真的這樣子演出，大概會徹底顛覆小朋友的世界觀，甚至讓他們心靈受創吧。

「公子小丑魚」大多住在「公主海葵」中

台灣常見的小丑魚有五種，《海底總動員》裡出現的是公子小丑魚，但是在台灣海域比較普遍的則是克氏海葵魚以及白條海葵魚（紅小丑）。此外，還有粉紅海葵魚（咖啡小丑）與鞍斑海葵魚。

克氏小丑是北台灣的原生種，所以最多。而紅小丑與克氏很像，不過紅小丑身側只有一條直白紋，克氏則有兩條。

有一種紅小丑的英文名字很可愛，叫做「番茄小丑」，顏色偏番茄紅。在國外，還有其他類似的品種，例如身體偏黑的焦糖小丑與斐濟小丑，名字也很逗趣。

在墾丁的核電廠出水口右側，就有一窩紅小丑，我教潛水時，一定會帶學員去那裡拍照。

我個人特別喜歡粉紅海葵魚，因為牠看起來潔白、優雅。而且由於保護色的關係，牠經常挑選白色的卡克輻花海葵居住，兩者的整體配色非常精簡又時尚。

近幾年，我較少看到鞍斑小丑魚，在東北角也頗為罕見。偶爾在墾丁看見的則大多是黑色鞍斑。

小丑魚通常與特定的海葵共生。例如，公子小丑魚大多住在公主海葵中，果然王子與公主就該過著幸福快樂的生活啊！

我曾在印尼峇里島的土蘭奔海底，看見一尊佛像頭頂，盛開著一朵公主海葵。佛像斂目垂眉，海葵隨波蕩漾，一對公子小丑棲息於其中，那畫面真是寧靜、安詳。

克氏小丑魚經常棲息於奶嘴海葵、短手大海葵、串珠海葵裡，而紅小丑則多居住於紅海葵科的海葵裡面。

觀賞小丑魚時，同時欣賞輕舞飛揚的海葵，是十分紓壓的享受。

台灣沿海曾經是小丑魚的原鄉，然而卻在氣候異常、環境汙染後，經歷了一波又一波的浩劫。《海底總動員》電影上映後，小丑魚再度面臨過度捕捉的嚴峻考驗。

台灣曾經是小丑魚的產地之一，有許多人捕捉小丑魚外銷，不但造成生態破壞，同時也令小丑魚銳減。

曾經，小丑魚數量多到隨處可見，可以圍繞潛水員；如今，牠們卻是海裡面偶見的特殊景觀。

克氏小丑魚與海葵都不見蹤影?!

我在龍洞教潛水時，一定帶學員去拜訪一片「小丑魚地毯」。大約有十幾隻克氏小丑魚，與俗稱三點白的三斑圓雀鯛、近乎透明的海葵蝦，一起住在一大片海葵裡。

我甚至還曾經在這片美麗的淨土附近看見花園鰻，以及經濟價值極高的老鼠斑（亦名「駝背鱸」）。

每次看見這些美麗的生物，我心中都有些惴惴不安，因為不知道哪天牠們會不會就突然消失了。

在台灣，有個很諷刺的現象。**當在海裡看見稀有物種，或是難得的美景時，千萬別上網分享確切的地點，因為當暴露行蹤後，就會被有心人捕捉。**

例如，我在二〇二〇年二月二十八日潛龍洞3號時，就發現原本在一處垂直礁岩上的一大片海葵，竟然消失了。

那裡多年來原本居住著幾隻非常可愛的克氏小丑魚，但是卻只剩礁岩，魚與海葵都不見蹤跡。

入冬前，還在的小丑魚，怎麼會離奇失蹤呢？是在人煙稀少的冬天，連葵帶魚被人抓回自己的水族箱裡了嗎？

我難掩心中的失落，四處尋找了一下，心想是不是海葵搬家了？因為海葵會因為環境變遷而移動位置，尋找更宜居的地方。

但是，我左找右找，在海葵能夠移動的範圍內，都沒有發現小丑魚的蹤跡。

看來，牠們應該真的遭遇了不測。

人類對海洋的迫害，發生在海面下，一般人無從得知

台灣水產試驗所東部中心在二〇〇二年開始以人工培育小丑魚，希望養殖產業能降低野生

捕捉的數量。同時，隨著電影的熱度降溫，濫捕也不再如此猖獗。

只不過，即使東北角在二〇一四年前後，陸續有教練開始嘗試復育小丑魚，台灣過去小丑魚隨處可見的榮景，似乎也是回不去了。

英國維根主義（Vegavism）的創始人唐納德．華生（Donald Watson）曾說：「我們可以很清楚地看見，我們目前的社會文明是以剝削動物為基礎，就如同過去的文明是架構在奴隸的剝削一樣。」

這種剝削動物的行為，在人類對於海洋的行為中，更是肆無忌憚。因為再怎麼蠻橫霸道、慘絕人寰，人類對海洋的迫害行為，都默默地發生在海面下，一般人根本不知道，即使知道，也不痛不癢，因為眼不見為淨。

潛水員是少數可以目擊這些慘劇的人類。

我不只經常看見各種捕撈、狩獵，也經常在龍洞3號，能看見小丑魚的附近，看到暗藏著許多垃圾破片，甚至是大型的塑膠垃圾就覆蓋在海葵附近。**對於環境清潔近乎吹毛求疵的小丑魚，應該很難忍受這樣的玷汙吧？**

但是，海洋只能默默地接受剝削。

小丑魚並非保育類動物，在珊瑚礁體檢中，也不是被觀測的目標魚種。然而，小丑魚所面臨的環境威脅，其實也是其他海洋生物所普遍遭遇的挑戰。除了被過度捕撈外，垃圾汙染、海水溫度上升造成珊瑚白化，引發棲地生態改變，全部都會傷害牠們。

在柔波飄搖的海葵中居住的小丑魚，一直是潛水員心中最柔軟的那一塊。

倘若有一天，小丑魚都消失了，海裡面的生物，大約也只剩水母了吧？到了那個時候，該會多麼令人惆悵呢？

後記：多年來，和美國小海底有一大片海葵，我暱稱為「小丑魚地毯」，大約有十幾隻的克氏小丑魚居住在那裡，但是牠們在二〇二四年的夏天也消失了。有人說海葵可能搬家了，但是我在附近的海域遍尋不著。只能祈禱，這片海葵與一大家子的小丑魚，仍然平安地在某處海底生活。

潛水撿拾海底垃圾，需要什麼條件？危險嗎？

在海底撿拾垃圾，必須具備「進階潛水資格」，也就是可以下潛至四十公尺的水域，並且「氣瓶累積使用紀錄」要在一百支以上，而每次潛水淨海時間也限制在每支氣瓶五十分鐘以內。

你看得出（塑膠袋與水母的）差異，海龜卻分不出來。——MEDASSAT（Mediterranean Associaton to Save the Sea Turtors），地中海海龜保育協會

一般人若想潛水，撿拾海底垃圾，需要什麼條件呢？

海底垃圾的熱區，多集中在五到八公尺深的海域。再往下十到十二公尺，垃圾較少，但因

為潛水本身就具有一定風險，加上又要在海底撿拾垃圾，因此**必須具備「進階潛水資格」**，也就是可以下潛至四十公尺的水域，並且**「氣瓶累積使用紀錄」要在一百支以上**，而每次潛水淨海時間也限制在每支氣瓶五十分鐘以內。

「休閒潛水」需要考取國際證照，它有許多不同的等級，也代表著不同階段的技術需求。我是PADI名仕潛水訓練官（PADI是國際專業潛水教練協會Profesional Association of Diver Instructor的簡稱），除了教最基礎的「開放水域潛水員」（Open Water Diver，簡稱OW）與「進階開放水域潛水員」（Advanced Open Water Diver，簡稱AO）外，我也可以訓練其他的潛水專長，而這其中就包括「打擊海洋廢棄物潛水員」（Dive Against Debris Diver）。

大部分的專長都屬於潛水技巧，主要是針對不同的潛水環境與需求進行訓練。但是「打擊海廢潛水員」卻是隸屬於「海洋環保計畫」中的一環，主要目的不是技術訓練，而是在於提高潛水員的海洋環境保護意識，同時也鼓勵實際採取行動，潛水清潔海洋。

多一位潛水員，就少一個傷害海洋的人

我曾經在國外看過一位中國潛水員穿了一件T恤，上面的文字大意是：「多一位潛水員，就少一個傷害海洋的人。」的確，當我們親眼見到海洋的美麗後，就會想要去保護它，我想很多人也跟我有類似的想法。

雖然如此，我卻也看到不少人憑藉著自己的潛水技術，下海捕魚、抓龍蝦。當然，這些人捕捉魚蝦的數量，遠遠比不上漁船一網打盡的規模，但是**潛水打魚卻可以針對特定種類，例如老鼠斑、龍蝦進行捕捉，進而變成壓死海洋生態的最後一根稻草**。

如果我們可以在這些潛水員啟蒙時，就灌輸他們「愛海」的觀念，或許他們就不會去「打魚」了吧？

由此可見，**將「海洋保育」的觀念深植進入潛水員的心中，非常重要**。

從OW的課本開始，課程中就不斷強調，不要觸碰、追逐海洋生物。而「打擊海洋廢棄物」潛水員訓練，則是將被動的不打擾，轉換為主動的採取行動，以一己之力，協助海洋恢復生機。

「打擊海洋廢棄物」潛水員訓練，包括學科、術科兩部分。學科主要在講解海洋環境的危機，讓學員明白垃圾的來源，以及垃圾減量的重要性。

而術科則是關鍵的訓練，實際下海清除垃圾，並且上岸後，進行垃圾分類，了解海底垃圾的種類。

落實「潛伴」制度，避免單獨行動，是海洋清潔的第一道防線

潛水撿垃圾時，必須更加注意安全守則，因為清理海廢相對於一般的休閒潛水，有著較高的風險與安全要求。

例如休閒潛水強調避免「揚沙」，也就是說，潛水員必須保持良好的中性浮力，盡量避免在移動時激起海底的沙塵，影響能見度。水體清澈，能見度好，才能夠欣賞海底的美麗景致。

然而，雖然淨海時也必須保持良好的中性浮力，但是只要將埋藏在底沙中的垃圾撿起來，無論再怎麼小心，都會揚起大量泥沙，令水中能見度下降。

所以，在海洋清潔時，潛水員必須習慣在混濁、能見度較低的海底作業。即使一開始清澈，也絕對會在清潔一段時間後，變得混濁不堪。

正因為能見度較低，**潛水員**間只要相隔稍遠，就不容易看見彼此，所以在海洋清潔時，必須更嚴格地遵守「潛伴制度」，**不能一直埋頭撿垃圾，而是要不時注意潛伴的動態**，不然等到再抬頭時，往往就已經失散了。

而且，**潛伴之間不宜相隔太遠，以免發生突發狀況時，相互支援不易**。因此，落實「潛伴」制度，避免單獨行動，這是海洋清潔的第一道防線。

約定明確的作業時間，並且嚴格遵守深度、範圍，是第二道安全防線

除此之外，每一次的海洋清潔，都必須制定明確的作業深度與潛水時間，確保潛水員在限定範圍工作，而且時間一到就必須浮出水面。

正因為撿垃圾時能見度不佳，潛伴容易不慎失散，因此約定明確的作業時間，並且嚴格遵守深度、範圍，是第二道安全防線。

一般而言，我會制定潛水時間為電腦錶啟動後四十分鐘，並且**請潛水員設定鬧鈴，以免清潔得過於投入，忘記時間**。

時間一到，教練就會下達集合訊號（例如敲氣瓶、響鈴或使用水下汽笛）。潛水員們集合，完成安全程序後，就可以一起回到水面，等候船隻接送。

制定明確的潛水時間，可以確保潛水員在作業時，即使與潛伴失散，也能夠在律定時間內浮出水面，與大家會合。

倘若沒有規定明確的潛水時間，有人四十分鐘出水，有人過了六十分鐘，還在水底，此時船上或岸上的工作人員就很難掌握潛水員是否平安，是否需要請求救援。

其次，由於海流、地形的交互作用。一般海底垃圾數量龐大的區域，大約都在深度五至十公尺，甚至更淺的海域，因此我在帶領海洋清潔時，都會明確規定潛水深度，以便確認工作區域的範圍。

透過掌握等深線，就可以明確控制潛水的位置，以及耗氣量（因為深度越大，耗氣率越高）。這樣即使在撿垃圾的過程中，各隊間距離稍遠，但只要在固定範圍、時間的條件下，都能保證一定程度的安全。

潛水員千萬不能將海底垃圾扣在浮力控制衣上

更重要的是，垃圾通常會越撿越多，網袋的重量也會慢慢增加。

有些潛水員為了省力，會將垃圾網袋扣在自己的ＢＣＤ（Buoyancy Compensator Device，浮力輔助設備，又稱浮力背心）上面，這是非常危險的行為。

一旦有狀況發生，人員無法與垃圾脫離，就會被拖入水底，發生危險。因此，我都不斷提醒大家，千萬不要將重物扣在ＢＣＤ上面，以免突發狀況發生時，影響安全。

根據PADI準則規定，只要是重量超過七公斤以上的物體，在水中就很容易影響潛水員的浮力控制，此時就必須使用「起吊袋」打撈。這種起吊袋看起來外型有點像天燈，專門用來攜行水中的重物。

但是一般潛水員較少配備起吊袋，因此，我都建議潛水員使用普及率較高的「浮力帶」（註），並且配合D型環來起吊重物。

使用浮力帶時，需注意浮力控制

使用浮力帶看似容易，但是卻要注意浮力控制。網袋裝滿垃圾以後，上方連接在浮力帶上，接著適度充氣，就可以讓垃圾達到中性浮力，彷彿毫無重量般攜行。

只是，初次使用這種方法搬運重物的潛水員，往往還抓不到充氣的訣竅，有時候會把氣充得太飽，浮力太大，整支連同垃圾一起上浮，抓都抓不住。而且在上浮過程中，水壓減少，空氣會再膨脹，上升速度就會越來越快。

我曾經看過潛水員將浮力帶充完氣後，直接被快速帶回水面。由於水壓快速下降，對潛水員的身體會造成危險。幸好那天的深度不大，如果從深水區快速上升，就有可能產生減壓病了。

起吊袋可以透過繫繩與洩氣閥，在水中調整浮力，但是浮力帶的洩氣閥在最下方，必須要將整支浮力帶倒置，讓洩氣閥朝上，才能拉繩洩氣，需要熟練才能達成。就是因為這樣，很多人在還來不及排氣的狀況下，就被浮力帶拉回水面了。這部分要特別留意安全。

潛水員切忌順流割漁網

淨海的另外一個風險，是在強流區清除漁網。漁民在作業時，有時候會因為漁網鉤住礁石，拉不回來，因而必須忍痛割斷。有時候，漁民也會利用刺網捕魚。

這些漁網倘若沒有被收回，日積月累後，就會形成鬼網，持續纏繞海洋生物，形成很大的生態衝擊。因此，就要靠人力下海去清除漁網。

註：surface marker buoy，簡稱ＳＭＢ，又被稱為「象拔」。一般的顏色為橘色或黃色，是一種寬約二十公分、長度約一百五十公分、可充氣，形狀看似加油棒的浮力裝備。

這些漁網通常綿延數百公尺，而且牢牢卡在珊瑚礁石上，必須用潛水刀、剪刀割除。通常的處理方式，是在漁網每五至十公尺處，綁個浮力帶，然後充氣，讓漁網與礁石稍微脫離。

接著，再使用刀具，將定固在礁石上的網子割斷，讓漁網隨著浮力帶上帶。漁網漸漸脫離礁石以後，浮力帶就會將整張漁網帶向水面，由水面的工作人員接手，將漁網拉到船上。

而當漁網的體型龐大，水流又很強時，就必須很小心割斷漁網的方向，以及潛水員所身處的位置。切忌順流割網，以免海流帶著漁網，捲到自己身上。只要一纏繞到漁網，特別是鉤到了背後的氣瓶、調節器，要自行脫身就不容易了！一轉身，漁網反而順勢捲到身體上，危險隨之而至。

因此，千萬不要讓漁網纏繞到身體，而一旦背後發生漁網纏繞，一定要小心觀察漁網纏繞的方向。

如果無法確定，請停止一切動作，由潛伴幫忙脫離糾纏。當然，潛伴在協助時，要小心自身不要也身陷危險。

隱藏在海底垃圾裡的有毒的魚

此外，有許多具有毒性，而且有保護色的魚類，也可能會隱藏在海底垃圾中。這其中較為常見的，就是石狗公了。

石狗公具有毒刺，被刺傷時會紅腫、熱痛，甚至造成局部淋巴結腫大，十分危險。偏偏石狗公這種魚的保護色非常好，牠們隱身在海底垃圾中，真的非常難發覺。

倘若潛水員在淨海時沒有戴手套，就有可能在處理大量垃圾時，遭遇到石狗公的刺傷。這些有毒魚類的棘刺，其實是可以穿透手套的，因此即使雙手都戴了手套，還是要謹慎、注意，以免遭到意外的毒吻。

一般而言，木頭、金屬、玻璃等可以自然分解的材質，就不需要費力帶上岸了。而**有些海底垃圾上正好有生物產卵、居住，我們也會將它們暫時留在原地，等卵孵化或生物離開後，未來再處理**。

因為這些都需要長時間的觀察、追蹤，所以「認養」某些潛點，固定去巡視、清潔，就成為了不少教練的「天職」了。例如我，就向PADI總部報名，認養了貢寮地區的龍洞。

而海保署的「淨海前哨站」也是類似的概念，透過在地、長時間的經營，讓當地的海洋垃圾逐漸減少。

撿上來的海底垃圾，由於長時間受到紫外線、鹽分的雙重侵蝕，真正能夠回收、再利用的比率其實不高。

然而，我們將垃圾撿上岸後，仍然會進行秤重、分類，以便**了解海底垃圾的主要類別**，以作為政府政策或環保團體制定保育目標的參考。

而在訓練打擊海廢潛水員的最後一個環節，就是使用PADI的海洋垃圾分類表，進行記錄，然後將資料上傳到伺服器。

從二〇一八年九月開始，海洋清理基金會推出一台超巨大的漂浮型垃圾收集器，從舊金山出海，利用海面垃圾攔截的方式，處理海面垃圾。

而台灣，也有「點點塑」公司開發無人船，收集海廢。然而，海底卻是這些機器到達不了的地方，需要人力冒險清理。

隨手一丟的垃圾進入海洋，就要靠人力大費周章撿回岸上。我們生活中的各種方便，是否造成了整個海洋，甚至整個地球的不便呢？而誰，又該為這樣的問題負責呢？

Chapter2

如果我們曾見過海洋的美麗，我們怎麼忍心傷害海洋？

和美國小「海洋清潔教育」

讓孩子們將海洋垃圾背在肚腹前，感受一下，這些垃圾塞在肚子裡的感覺。

沒有「遠離」這回事。當你丟棄垃圾，它勢必在某處再度出現。——Annie Leonard，綠色和平美國支部執行主席

二〇二三年四月十四日清晨，我帶著全家人一起到和美國小，對全校師生進行海洋環境教育。

學生們普遍對於海洋汙染問題「無感」

雖然海洋教育早已融入課綱中，但是大部分的課程都只是學生坐在教室裡面，由老師講解。即使海洋環境問題已經非常嚴重，但對於學生來說，卻也只是一個又一個遙遠而抽象的問題，似乎沒有任何的切膚之痛。

因此，我想要帶學生們實際走到海邊，親眼看見潛水員們從海底將海洋廢棄物帶上陸地，然後讓大家一起參與垃圾分類，看看究竟海裡有哪些垃圾。也就是，**我希望將「潛水淨海」以及「學校海洋教育」結合在一起**。

這樣的安排並不容易，因為學校的活動大多需要在非假日進行，如果要讓學生、師長們犧牲假日，參加活動，出席意願就會大幅降低。然而，大部分的潛水員平時都有正職，需要上班，因此若是在非假日參加淨海，除非他們正好放假，不然就必須特別請假。

也就是說，要安排一場兼顧「淨海」與「海洋教育」的活動，基本上就是一個顧此失彼的抉擇。

幸好，在校方與潛水員們的熱情響應之下，我們還是募集了十幾位的潛水員下海，同時和美國小的師生，也全員參加了這場活動。

活動當天，風和日麗。早上八點整，潛水員在龍洞3號潛水點報到、集合，整裝準備下水。

而我，則帶著家人一起來到和美國小的會議室中，準備向全校師生進行行前教育。

和美國小本身就是東北角的知名潛點。許多潛水員都是在這片海域受訓，然後開始「海人」生涯。在學校旁的大片海域生態豐富，就如同地名龍洞，是個龍氣匯聚的海洋寶穴。

位於如此得天獨厚的地點，和美國小本身就十分注重海洋教育，同時也是新北市的海洋示範學校。

早在一九九九年，和美國小就因為潛水畢業典禮而受到各界注意。在校內，師生經常接觸SUP、浮潛、攀岩等活動，對於海洋非常親近、熟悉。

早在實際活動前，我就主動拜會了張麗秋校長，向她說明活動的理念、討論進行的細節等。在討論過程中，我對於張校長的教學熱忱，印象十分深刻。

在台灣，許多學校經常因為害怕學生受傷，因而總抱持著多一事，不如少一事的態度，盡量不讓學生走出教室，走入大自然。然而，張校長則是非常勇敢，她不但大力支持活動，同時主動安排全校師生，一起參加。

「我也看過海龜的屍體！」同學說。

和美國小的學生們非常活潑，在上課過程中，提出各種想法與問題。我利用投影片，讓學生們欣賞和美國小附近海域的美麗。

許多學生雖然住在海邊，但是父母卻不太讓他們接近大海，因此當他們看見影片中的可愛生物時，都發出了驚嘆聲。

我問大家：「海裡的垃圾多嗎？」

許多人回答，站在岸上，就可以看到沙灘、岩石縫裡面充滿垃圾，所以海裡的垃圾應該也很多吧。

我點點頭。用影片、照片讓大家看到龍洞海域附近的垃圾問題。同時，我也秀出在附近海域死去的海龜照片。

「我也看過海龜的屍體！」有學生大聲說。

也有學生舉手回應：「就在來家潛水附近的那條小溪裡面。」

大家紛紛討論著，對於自己住家附近的海廢問題感同身受。

大約九點左右，我與和美國小的師長，帶著全校師生，一起步行，從學校走到龍洞3號。

此時，潛水員大約已經下海了十分鐘左右。我在現場，向師生們解釋潛水員們入水的程序、路線。

此時大海茫茫，潮來潮往，完全看不見人跡。學生們站在高處，很好奇地引頸遙望。

我帶著師生們回到海邊的遮陽傘下，開始向大家講解、示範潛水裝備。

許多老師、同學都興趣盎然，主動要求想要試穿。

我一邊協助大家穿戴裝備，一邊解說潛水的安全細節，同時讓大家拍照、留念。

我之所以向師生們介紹潛水裝備，一方面是希望在師生等待潛水員出水之前，能夠進行一些趣味活動。另外一方面，**我也期待能夠透過這樣的方式，引發師生們對於潛水的興趣**，從而讓他們走入海中，實際去「目擊」大海的美麗與哀愁。

我真心地相信，台灣多一個潛水員，就會少一個破壞海洋環境的人。當然，這要建立在訓練潛水時，教練也能夠傳達正確觀念的前提下。

潛水員下海撿拾海底垃圾，是一件危險的大工程

就在全校師生踴躍試穿潛水裝備時，工作人員通知大家，潛水員出水了。我再度帶著學生

爬上高處，親眼觀看潛水員帶著垃圾出水。

在海浪中，潛水員們面對大海，仰躺踢動蛙鞋，回到淺水區。接著，潛水員們陸續脫下蛙鞋，從浪花中站穩腳步，拿著一袋又一袋沉重的垃圾，小心翼翼地爬上岩盤，也避開濕滑的石蓴，以免滑倒。

潛水員身上的裝備加上鉛塊配重，大約有三十公斤左右，而他們手中提著的垃圾也大約二十至三十公斤，這讓身體的負擔更加沉重。

潛水員經過約四十分鐘的潛水，出水時，浮力減少，身體會頓時覺得負擔沉重。此時，再從岩盤走上沙灘，步行約三十公尺，然後穿梭在消波塊間，往上爬約兩層樓高的步道，翻過防波堤，再穿越柏油馬路，這才能回到集合點。

隨手一丟垃圾，多麼輕鬆、瀟灑。然而，要把這些垃圾從海底撿上岸，卻需要大費周章。

當每一位潛水員打開手中的洋蔥袋，將垃圾嘩啦啦地倒在地上時，在場的學生們不禁異口同聲，發出「哇！」的驚呼。

真的，**當這些垃圾只是課本裡、投影片上的照片、數據時，那是完全沒有真實感的**。然而，當它們散發著令人掩鼻的氣味，堆積如山地躺在面前時，那種真實感才會深入腦海。

潛水員從海底撿的垃圾，讓學生們終於能「感同身受」

潛水員上岸後，向學生們敘述了海中的情況，以及他們如何將垃圾拉上岸。所有的師生都聚精會神聽著，因為這一次，海洋垃圾不再是影片裡的「劇情」，而是真實在自己的學校、住家環境中發生的，切身相關的「事件」。

在師生與潛水員們進行互動、問答後，校長一聲令下，學生們在老師們帶領下，拿著「PADI的打擊海洋廢棄物調查紀錄表」，開始進行垃圾分類。

為了學生們的安全，我們事先準備了手套、鐵夾。學生們兩人一組，一個人撿垃圾，一個人統計、記錄。

負責撿垃圾的學生，必須戴好手套，以鐵夾撿拾，也絕對不可以貪方便，徒手觸碰垃圾，特別是切口銳利的鐵鋁罐、玻璃製品，更是需要小心。

在PADI的調查紀錄表上，總共有一百類的海洋廢棄物，如果要學生逐一記錄，十分耗時。因此，我採取尋找目標物的策略，將學生分為大約十組，每組負責十種目標物，鎖定尋找。

當然，其中會有幾種廢棄物是熱門目標，例如塑膠材質類的飲料瓶、瓶蓋等，也有一些冷門物品，例如輪胎、家具。因此，除了自己被分配到的目標物外，各組全都可以撿熱門的海廢。

分組以後，各組開始進行比賽，以分類件數的多寡來定輸贏，前三名的組別可以獲得小禮物。

在整個活動進行過程中，和美國小的校長、師長全程參與，並且協助確保學生們的安全，這對於活動的幫助非常大。而**由於學生們都是在地居民，對於這片土地的情感連結深刻，也因此對於活動過程中所撿到的垃圾，都感到十分震撼**。

鯨魚、海龜脹痛，但又餓得無法進食……

「我早就知道海裡面有垃圾，只是不知道有這麼多！」有學生驚訝得落下頷，難以置信地對我說。

「是啊！」我對大家說：「這些垃圾，不只是沉在海底，也會進入海洋生物的肚子裡。」

我在課後的反思活動中，選擇了一些剛剛撿上岸的垃圾，把它們清洗乾淨，重新帶回課堂，向學生們解釋它們的傷害。

最後，我將這些廢棄物裝進一個背包中，放上磅秤，大約三公斤。

「在座的學生，體重大約是二十至三十公斤，如果你們的肚子裡有體重百分之十的垃圾，也就是兩至三公斤的垃圾，那會是什麼感覺呢？」

在學生們各自發表意見後，我邀請幾位學生上台，將裝滿海洋垃圾的背包拿給他們，讓他們背在肚腹前，感受一下，如果這些垃圾是塞在肚子裡的感覺。

我解釋：「**我們能夠感覺到的，只有重量，但是那些吃下垃圾的鯨魚、海龜、海鳥，卻必須忍受脹痛，以及無法進食的飢餓感。**」

所有的學生都沉默了。

大家看著台上背負著垃圾的「大腹便便」的同學，陷入了沉思。

看著這些學生們憂心忡忡的神色，我頓時感到，台灣的海洋，甚至是世界的海洋，或許還有一些機會可以改變。

如果我們再努力一點，告訴大家海洋的危機，並且引發關注，讓大家開始採取行動。

當每一個小小的行動，都匯聚成為涓涓細流，或許我們的海洋也能復原吧。

澳底漁港的廢漁網問題

潛水員將在水底拍攝的影片播放給小朋友們看，長長的刺網上面困住了許多魚，其中大部分都死了。

倘若人類無法學習對海洋與雨林懷抱敬意，那麼，人類終將滅亡。——Peter Benchley，小說《大白鯊》作者

海洋十分美麗，但是**大部分的人對於大海僅限於想像，很少有機會下海去看一看，也因此海洋受到的傷害，大多數的人都聽過，但很少親眼看見。**

二〇二三年六月二十九日，我到新北市貢寮區的澳底國小進行海洋教育。這是一所具有百年歷史的學校，位置鄰近澳底漁港，海洋資源豐富。校長黃家裕先生曾經在和美國小服務多年，推動海洋教育不遺於力。

澳底國小的學生們經常參加潮間帶觀賞、海泳、潛水、浮潛、獨木舟、SUP等活動，而許多人的父母也都從事漁業工作，對於海洋相對比較熟悉。

雖說如此，大部分的學生對於海洋仍然是想像大於實際認知。這其中主要的原因，我推測大概是因為許多台灣的父母都覺得大海是危險的，並不鼓勵孩子親近海洋，以免發生危險。

課程一開始，我首先詢問小朋友：「你們心目中的大海是什麼樣子？」大家舉手回答，非常活潑、踴躍。有小朋友說：「海底五顏六色，有很多的魚。」但也有小朋友說：「海底有垃圾、有漁網。有海龜被困在海裡，鼻孔被吸管刺到。」

在小朋友盡情回答後，我利用自己親身在大海中拍攝的照片與影片，介紹在我的眼中大海的美麗。

我分享了漂亮的珊瑚礁，以及許多友善的海洋生物，牠們的生活習性與趣事，大家都聽得津津有味。

台灣海域很少看見鯊魚，因為台灣的海洋環境不夠健康

不過，當我介紹到帛琉的保育成果，以及潛水員觀賞鯊魚的影片時，許多小朋友紛紛發問：「海裡面的鯊魚會不會很危險？」、「鯊魚會不會吃人？」

我莞爾一笑，問大家：「你們參加過這麼多海洋活動，有沒有見過鯊魚呢？」

大家都搖搖頭。

我接著說：「台灣海域很少看見鯊魚，因為鯊魚是頂級掠食者，必須要有健全、完整的食物鏈，才能支持牠們的生存。而台灣的漁業資源已經非常枯竭了，因此沒有足夠的食物來源支持鯊魚的生存。在世界上能夠看見鯊魚的海域，表示那裡的海洋環境非常健康。」

有小朋友點點頭，提到他的爸爸曾說現在的魚越來越難抓，而且也越來越少了。

我說：「的確是這樣。氣候異常、海洋遭受汙染、過度捕撈，各種因素所帶來的海洋生態破壞，已經讓台灣附近海域的魚越來越少，而且體型也越來越小。所以在台灣的海裡要看見鯊魚非常不容易，我只有在澎湖南方四島海域才見過鯊魚。」

比起人類怕鯊魚，其實鯊魚更怕人類

我在教室的投影布幕上，打出一張在竹圍漁港所拍攝，滿地血淋淋的丫髻鯊正待價而沽的照片。

小朋友們發出了驚呼聲。

「所以啊，大家不用怕鯊魚吃人，反而鯊魚很怕人類把牠們抓上岸來吃掉。」

小朋友們都笑了。

我繼續講解：「人類愛吃魚翅，但人類卻不是鯊魚感興趣的食物。再加上潛水員穿了一身黑色，看起來一點都不好吃。不過，如果有人穿著銀亮的防寒衣下水，會不會有鯊魚誤認他為海豹，忍不住去咬一口呢？我就不確定了。」

小朋友大笑：「所以說，鯊魚還是會吃人啊！」

我點點頭：「**大部分的鯊魚咬人案例，都是鯊魚誤認為衝浪板是海豹、海獅，因此『誤咬』**，鯊魚不是故意的。有些地方則是因為招徠觀光客，故意去餵食鯊魚，**讓鯊魚將『人類』與『食物』連結在一起，因而產生危險**。但是幾乎沒有聽過鯊魚主動『獵食』人類的案例。像電影《絕鯊島》、《巨齒鯊》那樣，專門獵殺人類，或是找人類報仇的鯊魚，其實不太可能，純粹是電影將鯊魚汙名化而已。說實話，鮮美多汁的魚類對鯊魚的吸引力，比人類對鯊魚的吸引力大太多了。」

「啊？人類有這麼難吃嗎？」有小朋友失落地問。

「不然，你這麼想被吃掉嗎？」另一位小朋友說。

我微笑，秀出在馬爾地夫所拍攝，潛水員與護士鯊共游的影片。

教室裡突然一片安靜，大家聚精會神地看著。

「大家知道嗎？其實，護士鯊是有攻擊人類紀錄的種類中，排第四名的鯊魚，前三名分別是：大白鯊、虎鯊、公牛鯊。」

小朋友們睜大眼，完全不敢相信影片中看起來溫馴、好脾氣的護士鯊，居然也會咬人。

鯊魚並不會主動攻擊人類

「但是，這些鯊魚其實都不會主動攻擊人類，絕大多數都是誤傷。」

我解釋：「而護士鯊則是因為太溫和，看起來太沒脾氣，所以少數潛水員得寸進尺，一直打擾牠們，護士鯊被逼得反擊，這才發生慘劇。

「事實上，鯊魚攻擊人的事件，每年平均約二十件，而美國的研究，被鯊魚攻擊的機率只有百萬分之五。但是，人類每年捕殺的鯊魚超過上億隻。誰比較恐怖？是人類。人類不只會獵殺海洋生物，還製造垃圾。」

在踴躍的討論後，我帶著澳底國小的小朋友與老師們，一起走路到澳底漁港，實際目擊海洋垃圾的問題。

學校離漁港並不太遠，走路不到五分鐘就可以抵達。大家到達時，潛水員們已經搭乘坤成8號潛水船，出海清潔海底垃圾了。預計十點鐘前，會回到漁港卸垃圾。

在等候的同時，我向小朋友介紹潛水裝備，並且讓大家試穿、體驗。

這一次，我帶了一頂《小小兵》的潛水帽，引發了小朋友的瘋狂歡呼。大家似乎都覺得非常興奮，除了慫恿班上最有喜感的人物來試穿外，也有小朋友專程上來「全副武裝」，然後再戴上小小兵的潛水帽照相。

台灣海廢物調查發現，廢棄漁網占近九成

就在一陣熱絡中，潛水船回港靠岸。潛水員將一袋又一袋的垃圾拿下船，幾乎全部都是廢棄漁網。

根據「海洋保育署」的統計，二〇一九年清理的海底垃圾，有六成是廢棄漁網、漁具，該署二〇二〇年首度針對台灣海廢物調查發現，廢棄漁網竟占近九成。

在淨灘時，也經常發現大批漁網。我曾經看到「動手愛台灣」的召集人陳信助在臉書談到，

金山有場淨灘活動，共清出三千一百公斤垃圾，而廢漁網竟然就占了兩千一百公斤，可見廢棄漁網的問題有多嚴重。

我參加過許多淨海活動，特別是東北角與澎湖南方四島，都曾經清理出非常巨大、沉重的廢棄漁網。**我為了要切割這些堅固的廢網，還折損了好幾支鈦金屬的割繩器**。

這次清理上來的垃圾，幾乎只有漁網，但這並非海底沒有其他的垃圾，而是因為**廢棄漁網的位置深度深，重量沉，卡在海底，要清理它們並不容易**，所以花費了許多時間，也無暇去撿拾其他垃圾了。所以，小朋友們也幾乎不太需要做垃圾分類。

接著，我請大家戴起手套，一起來探索漁網裡有些什麼。

違法的底刺網

這次被帶上岸的依舊是底刺網。我向小朋友說明，這些網號稱「死亡長城」。新北市（萬里、金山、瑞芳、貢寮）規定，距岸三浬（約5.6公里）內禁用所有刺網。所以**這些網的位置，很明顯是違法的**。

我與小朋友分享，前幾年所看到卡死在刺網上的海龜照片。同時，我強調了這種漁網所造成的嚴重生態衝擊。

上岸休息的潛水員，也將剛剛在水底拍攝的影片，播放給小朋友們看。

長長的刺網卡在深海底的礁石，網子上面困住了許多魚，其中大部分都死亡了。

無法被落實的漁網「實名制」

潛水員們不辭辛苦，在水底將刺網吊起，再慢慢割除。

「我們在海底，救了很多的魚喔！」有潛水員告訴小朋友。

小朋友們蹲在地上，慢慢整理著刺網，隨即發現了幾顆浮子。一如預期，並未遵守「實名制」規範，上面什麼記號都沒有，根本不知道是誰放的網。

我向小朋友們解釋「實名制」所代表負責任的漁業的意義。

大家看著手中的浮子，逐漸了解到台灣立法從嚴，執法從寬問題的嚴重性。我希望大家能感受到這樣的執行力度，會帶給海洋多麼大的傷害。

不久，就有許多人發現，刺網上卡了各種螃蟹，大家七嘴八舌地幫螃蟹解圍，然後將牠們放回大海。

我從網中解下幾隻死去的魚，向大家介紹網上的生態。

我拿起一隻俗稱臭肚的褐籃子魚，說：「一魟，二虎（石狗公），三沙毛（鰻鯰），四斑午（花身雞魚），五象耳（臭肚），六倒吊（粗皮鯛）。」

「這些都是有毒的魚喔！要注意！」我向大家解釋。

臭肚是溫馴的草食魚，在東北角海域很常見。過去在漁業資源豐沛時，並不是什麼值錢的魚，但是近年來由於海洋資源逐漸枯竭，臭肚也逐漸為人所注意。

不過，臭肚的背鰭、胸鰭和臀鰭上，都有具毒性的硬鰭條，所以觸碰的時候千萬要留意，以免遭到刺傷。

曾經，大海養育了人們，如今，大海需要人們的疼惜與保護

小朋友們一邊聽我的解說，一邊翻找著漁網，意猶未盡地討論著。

有小朋友說：「這麼多死魚！我要回去告訴我爸，叫他以後用漁網要更加小心！」

我在一旁聽著小朋友們的討論，很希望在他們看過海洋的美麗，並且親眼見識過漁網危機所帶給海洋的傷害後，能夠真正注意到，他們從小到大所生長的這片海域，其實非常需要當

地居民的疼惜。

而這些漁網，有沒有可能是某位小朋友的家人所放的呢？**或許，透過小朋友們的影響，大人們會逐漸意識到海洋保育的重要性**。

靠海吃海，這片美麗而蔚藍的海域，養育了這兒的所有人，而如今，大海需要大家的保護，才能永續地存在。

漁網問題，必須從源頭、回收兩方向進行

將海底的廢網帶上岸，煞費人力；而這些垃圾上岸以後，該如何處理？同樣是一個大麻煩。

由於**漁網在海中經常卡著藤壺、海藻等雜質，清潔、回收都不容易，往往最後就只能被焚化**。

幸好在政府獎勵回收廢漁網，民間積極開發廢漁網再利用的努力下，還是有一些成績。廢漁網回收所製成的尼龍原料，可以製作成背包、太陽眼鏡，甚至潮牌服飾。這些努力，都試圖建立「循環經濟」的回收模式，減緩廢棄漁網進入大自然的速度以及形式。

然而，這些卻未必真的解決了問題。

畢竟，如果整體的循環經濟產業鏈沒有健全，新製成的產品終究還是會成為垃圾。例如，當尼龍紡紗成為服飾後，洗衣服所產生的尼龍棉絮與塑膠棉塑，依舊繼續成為微塑膠，成為肉眼難辨，更加難以處理的問題。

要控管漁網問題，光靠人力下海去清理，緩不濟急，而是必須從源頭、回收兩方面齊頭並進。

漁網，是否可以採用可分解材質？在二〇〇七至二〇〇八年，由漁業署補助的計畫「生物可分解式網具開發之研究」，似乎已有一定的成績，然而如今十六年過去了，是否因為成本、耐用度等考量，並未普及呢？

二〇一七年，出生於安徽巢湖小漁村，並在法國洛林大學取得化學博士的夏玉珍，創立了一間公司，專門研發可降解漁網材料。在中國，對於友善漁法，是否有了一定的突破？

在回收方面，海保署發行《廢漁網回收手冊》，同時在二〇二〇年，委託嘉義縣政府與台灣化學纖維股份有限公司（簡稱台化），將二〇一九年回收的二十五噸尼龍蚵繩，成功還原回為尼龍6的主要原料己內醯胺。

如果回收機制能夠有效運作，或許就可以緩解台灣海底的廢漁網問題。

「垃」極生悲的海洋環境

無論學生在課本中讀過多少海洋保育的議題，都比不上讓他們走到海邊，親眼看見垃圾被抬出水面，讓學生感到震撼。

人和環境是密切接觸的。如果相信塑膠不存在人體內，那就太天真了。——Rolf Halden，亞利桑那州立大學教授

二〇二三年七月二日，北一女中與松山家商的同學來到碧砂漁港，參加淨海與垃圾分類活動。

這次的活動，也是**採取「淨海」與「海洋教育」雙軌同時並行的模式**。當潛水員們搭船出

海，到海底撿垃圾的同時，同學們就在港邊接受環境教育，然後做垃圾分類。

這一次，我請大家腦力激盪：「平時是否經常使用一次性塑膠產品呢？」

有同學說：「我們班上有人每天都會至少帶兩瓶寶特瓶飲料到教室，然後放在桌上，慢慢喝。」

也有同學直接說：「免洗餐具實在太方便了，我很自然地使用，根本沒有想到會對環境造成什麼問題。」

「而且，這些垃圾都丟進了垃圾桶，應該不會對海洋造成什麼影響吧？」同學反問。

我笑而不答，請大家再等一等，看看等一下將會有多少垃圾被清理上岸。

潛水員從海底撿上來的「垃圾山」

大約一個小時左右，潛水船回港。緊接著，一袋又一袋沉重的垃圾，從船上被運下。潛水員將垃圾從網袋中倒到地上，頓時形成了一座小山，且**幾乎全部都是塑膠垃圾，特別是寶特瓶**。

為了方便垃圾分類，工作人員將垃圾鋪平，頓時垃圾山成為了一大片「垃圾曬穀場」，還飄散著海洋廢棄物特有的腥臭味。

同學們驚呼：「這是怎麼回事？我都把垃圾丟進垃圾桶裡面，平時絕對不會隨地亂丟垃圾，**為什麼垃圾會跑進海裡?!**」

「垃圾車把垃圾載走以後，會去哪裡呢？」我微笑問大家。

「焚化爐！」有同學不假思索地舉手回答。

焚化爐的種種問題

我點點頭：「的確，有一部分會進入焚化爐。但是，你們知道嗎？並不是每個縣市都像台北市一樣有焚化爐，例如澎湖、金門、馬祖等離島，都沒有焚化爐。不只離島喔，新竹、花蓮、南投等縣也沒有焚化爐。台東在二〇二三年二月二日啟用焚化爐前，也沒有焚化爐。這些地區的垃圾，都必須委託其他縣市焚化處理。」

「但是，至少都會燒掉吧？不然怎麼辦？」有同學面色凝重地發問。

「其實，即使焚燒，也會產生爐渣，處理起來也很頭疼。

「更麻煩的是，有些東西燒起來會傷焚化爐，例如寶特瓶的標籤，很容易沾黏在焚化爐壁，所以焚化爐不願意處理。**有很多回收單位聚集了許多寶特瓶標籤，完全無法處理。**」

看著同學們憂心的眼神，我進一步告訴他們殘酷的事實：「而且焚化爐不只要處理家庭、民生垃圾，也要處理工廠等製造的『事業廢棄物』，所以垃圾量龐大到根本焚燒不完。大家不要忘記喔，焚化爐也會老舊，台灣目前二十五座正在營運的焚化爐中，有二十座已經使用二十年以上，需要歲修、保養，所以有很多時候根本無法運作。」

台灣每年的垃圾量逐年攀升

「那麼，無法被焚化的垃圾，至少可以被回收吧？我聽說台灣的回收率很高。」有同學仍然抱持著希望。

我點點頭回應：「台灣的資源回收率的確很高，大約56％以上。但是別忘記，台灣每年的垃圾量卻也逐年攀升。根據二〇二二年的統計，新北市的垃圾增加率是全台灣冠軍，高達32.8％，其次是台中市28.5％、高雄市13％，這是垃圾增加率的前三名。」

「好險沒有台北市！」有同學拍拍胸口，笑著說。

「真的，台北市的表現還不錯。在六都之中的垃圾增加率最低，但是也有1.2％喔。而我所居住的桃園市，還有4.6％的垃圾增加率。」

「無法回收，也來不及焚燒的垃圾，政府至少有妥善處理吧？」

「如果真的妥善處理，為什麼海裡有這麼多垃圾？」

大家面面相覷，不知道該說什麼好。

我們大多數的人都相信，政府會處理好垃圾的問題，誰知道這些問題只是被掩蓋了起來，並沒有被解決。

我的眼光在學生們身上緩緩掃過，沉重地說：「大家知道嗎？焚化爐無法處理的垃圾，會被堆置在**『垃圾暫置場』，就是我們以前所說的『垃圾山』。全台灣大約有一百多座**，如果包含停用的掩埋場，更高達兩百多座。」

「數量這麼多?!我還以為有焚化爐以後，就不太需要垃圾掩埋了呢！」

「垃圾暫置場」崩入海中，形成海洋浩劫

我搖搖頭，繼續用投影片上的數據分析：「問題的嚴重性，還不只是垃圾山數量多而已。這些暫置場之中，大約有六十多座的暫置場，距離學校不到兩公里，有八座鄰近水源保護區，九十四座在河岸或海邊。另外，至少有七座緊鄰大海，包括潮境公園、淡水區簡易垃圾掩埋場、新竹浸水衛生掩埋場、苗栗海角樂園、彰化芳苑鄉福興地區區域性垃圾聯合衛生掩埋場、

高雄大林蒲垃圾衛生掩埋場、花蓮市掩埋場等。」

「潮境?!不就在附近嗎?那不是海洋生態保護區嗎?」

「正是如此。潮境，是一個十分耐人尋味的存在。雖然潮境是台灣少數真正執行海洋保育，而且很有成效的海洋保護區，但它卻也曾經是垃圾山。在二〇一五年，潮境曾經發生垃圾山崩落，數百噸垃圾落入海中，破壞生態的事件。不只潮境，台灣還有很多垃圾暫置場都有類似的問題——垃圾裸露，堆積如山，甚至崩入海中。公共電視《我們的島》第1097集，就曾經以『海角垃圾——不斷崩落的濱海垃圾場』為題做過介紹。有興趣的同學，可以去看一看，就能了解事情的嚴重性。」

悅氏、可口可樂等寶特瓶，全是大家熟悉的品牌

大家一邊聊，一邊分類垃圾。

這些垃圾中，有非常大一部分是寶特瓶。許多垃圾都因為紫外線、海水的雙重侵蝕，裂解成難以辨認的塑膠破片，而依稀可以辨認形狀、帶著標籤的，全部都是大家熟悉的品牌。

「多喝水沒事?我看這些垃圾非常有事!」有同學喃喃自語。

「悅氏、泰山、茶裏王、可口可樂、純喫茶……這是台灣飲料廢棄物的海底倉庫嗎?!」

我問大家：「你們不覺得很奇怪嗎？寶特瓶飲料業者製造了這些塑膠產品，還從我們身上賺了錢，卻從來不負責回收這些垃圾，反而要我們千辛萬苦，幫他們將這些產品廢棄物撿上來，這是什麼道理呢？」

大家面面相覷。

「這是所謂的成本外部化，企業製造產品，卻沒有負起回收廢棄物的完全責任。回收的成本，由其他人負擔。或許，他們有繳了一些稅，但是這些稅與他們的利潤比起來，幾乎可以說是九牛一毛。」

「快看，大陸來的塑膠瓶！」頓時場面混亂了起來。

我連忙安撫：「大家冷靜冷靜。中國的垃圾漂來台灣，台灣的垃圾漂向全世界。大家都一樣，**沒有誰是加害者，誰是受害者。重點是，我們要減少垃圾量。**」

使用紙餐盒、紙碗等，實際上還是製造了塑膠垃圾

活動接近尾聲，大家一起坐在遮陽帳下，一邊吃便當，一邊分享心得。

我有些不好意思地說：「**平時的活動，我們都是訂不鏽鋼餐盒便當**，避免因為用餐而製造

垃圾。

「但是因為今天是星期日，附近的環保便當店都沒有營業，我們只好訂這個木片便當，至少木片是可生物分解的垃圾，比塑膠垃圾好一些。」

「我們平常買的便當，也都是紙做的，難道不是『可生物分解』的嗎？」

我搖搖頭：「你們有沒有想過，紙做的餐盒、杯子，為什麼可以防水呢？」

「我有看過相關報導。因為紙的表面有加上一層薄薄的塑膠淋膜。」

「是的，所以使用紙餐盒、紙碗、紙杯，看起來好像很環保，但實際上還是製造了塑膠垃圾。話說回來，無論木片、紙張，這些都還是需要砍伐林木，才能製造出來。一次性的使用，還是相當浪費。如果可以，我們還是應該避免使用這些一次性的餐具。」

與這群高中、高職的學生們對談，內容相對深入不少。他們都曾經在課本中讀到許多關於環境保護、海洋汙染的議題，也因此一點即通，而且能夠舉一反三。

不過，**對他們而言，許多資訊都只是抽象的數據與資料，很難與生活連結**。也因為如此，儘管他們知道垃圾問題可能已經很嚴重了，他們仍然會貪圖方便，在生活中使用塑膠一次性的產品。

實際上，**環保、垃圾減量，對他們而言，頂多是句口號**。

然而，當他們親眼看見這些產品變成垃圾，而且從海底被撿上岸以後，大家的心裡都感受到了不小的衝擊，也開始認真思考自己能夠做些什麼，改善海洋汙染問題。

當你們能夠為海洋做些事情時，請勇敢去做

美國開國元勳、發明家富蘭克林曾說：「告訴我，我會忘記。教我，我可能會記得。讓我參與，我就會學習。」無論這些學生聽過多少次演講，在課本中讀過多少海洋保育的議題，都比不上讓他們親自走到海邊，親眼看見垃圾被抬出水面來得震撼。

最好，未來他們也能夠學會潛水，親眼看見被漁網纏繞而死的海洋生物，以及誤食塑膠袋的海龜。

只有真正見識過海洋的美麗，並目擊海洋的危機時，他們才會真正採取行動。

南北極探險家史汪（Robert Swan）曾說：「並非所有的教室都圍繞著四面牆。」真正的教室，真正的學習，就是要讓學生走出教室，走入現場。**親眼所見，才能真正與自己的生命連結**。

在活動最後，我對同學們說：「在座的各位，很快都會上大學、出社會，成為社會的中堅。

希望你們能夠記住今天所看見的場景，記住海洋與環境所面臨的危機。當你們能夠為這個社會以及海洋做些事情時，請不要遲疑，勇敢去做。

「**畢業、就業，不是只有賺錢，而是一種對於自己生活方式的選擇**。請記住加拿大製片人暨北美原住民阿本拿基族後裔 Alanis Obomsawin 所說的這句話：『當最後一棵樹被砍下，最後一條河被荼毒，最後一隻魚死去，我們才會發覺，錢不能當飯吃。』便利與利益，已經讓我們的地球與海洋變得骯髒、枯竭。**希望各位長大後，能夠讓這個世界逐漸不同**。」

在他們的眼中，我看見了某種光芒。

我不確定這代表了什麼，然而我希望這個光芒如同黑暗中的燈塔，能引導我們走過危機，前往更好的地方。

澎湖南方四島的海廢問題

在清除海廢的過程中，風險最大的就是漁網處理。

當我看見廢棄物，當我看見人們丟棄可用的資源，我只感到憤怒。——德蕾莎修女

擁有「台灣的西巴丹」美名的澎湖南方四島國家公園，位於望安東南方、七美東北方海域，主要由東嶼坪、西嶼坪、東吉、西吉四個島嶼構成。

這個區域擁有極高的珊瑚覆蓋率，以及諸如玫瑰珊瑚群、薰衣草森林等優美的海底地形，同時也蘊藏著豐富的生態多樣性。

台灣海洋的「最後淨土」

南方四島自從二〇一四年十月正式掛牌，成為台灣第九座國家公園，同時也是台灣第二座海洋型國家公園（第一座為東沙環礁國家公園）。自此之後，一直受到各界重視。

在國家公園警察隊蕭再泉小隊長（目前已退休）、南方四島保育協會陳盡川（牛哥）、吳祖祥（鯊魚哥）、王銘祥（活塞教練、軟絲爺爺）、葉生弘（島澳七七負責人），以及其他保育人士等努力下，這片海域逐漸成為台灣少數「玩真的」海洋保育區，堪稱是台灣海洋的「最後淨土」。

南方四島不但是澎湖海洋生態資源的「種原庫」，同時也是台灣漁產資源的重鎮。許多海洋生物都在這裡產卵、孵化、成長，最後游向世界。

南方四島經常可見生機蓬勃的大批魚群，除了銀紋笛鯛（俗名紅鰽）外，也可見到非常大群的高體鰤（俗名紅甘）、烏尾鮗與黃尾金梭魚，甚至是潛水員所期待的「魚牆」、「風暴」，南方四島應有盡有。

兩隻鯊魚從我身旁游過

我曾在潛點東吉之狼進行安全停留時，遇見兩隻身長約兩公尺的烏翅真鯊迎面游來。由於能見度不佳，我一直到兩隻鯊魚距離我非常近時，我才看見。

而那兩隻鯊魚似乎也沒有預期到我會擋在牠們的行進路線上，最後兩隻鯊魚只好一左一右，從我身邊以超近的距離掠過。

鯊魚出現，表示當地的海洋生態十分健康，食物來源豐沛，才有辦法支持鯊魚這種頂級掠食者的生存。

澎湖南方四島，是台灣少數能夠在潛水時看見鯊魚的海域。然而，這片「淨土」卻仍面臨著海底垃圾以及廢棄漁網的問題。

為了搶救這片美麗的大海，許多潛水員每年固定從台灣的四面八方齊聚一堂，大家下海撿垃圾。

潛水員們用刀割除纏繞於海底的漁網，並且以洋蔥袋收集寶特瓶等廢棄物，再將垃圾帶到海面，統一收集上船。

潛水員提起二十至三十公斤的海底垃圾

這聽起來很容易，但實際上，**「淨海」並不如「淨灘」那麼輕鬆**。

首先，水雖然有浮力，但是海底垃圾聚集成一大袋，重量並不輕，特別是寶特瓶裡面還裝著水，集合起來的重量更是驚人。

你也許會問，那麼為什麼不把寶特瓶裡的水倒掉呢？因為……我們就在海裡啊，要如何把水倒出來呢？

這些寶特瓶裡還經常裝滿了沙，一旦將水倒出瓶外，就彷彿是烏賊噴了墨汁一般，混濁一片，大幅降低能見度。所以，**只好連水帶沙運上水面，而這袋垃圾出水以後，少了浮力，更加沉重**。

海底不像陸地，潛水員是漂浮在水中的。初學潛水的人，可能連自身的浮力控制都成問題，想浮起時，卻沉下去，想下沉時，卻浮起來。倘若還要提著動輒二十至三十公斤的垃圾，可能連移動都會有問題。

為了降低在水中的負擔，潛水員淨海時都會利用浮力帶來攜行垃圾。

浮力帶原本是讓潛水員在海面標定，方便船長發現潛水員位置用的，並不是拿來作為浮力輔助裝備。然而，由於幾乎每一位船潛的潛水員都會攜帶ＳＭＢ，因此這個具有極佳浮力的裝備，自然就成為了在海底清潔時，隨手可得的沉重垃圾攜行利器。

潛水員收集大袋垃圾後，可以利用D型環，將網袋掛在浮力帶下方，稍微充氣，就可以抵銷重量，輕鬆地攜行垃圾。

不過，這樣的做法也有一點小風險，因為當潛水員上浮時，水壓降低，浮力帶內的空氣就會膨脹。**浮力增加，容易導致不熟練的潛水員失控上浮，增加罹患減壓症的風險**。所以，準備出水時，可以在浮力帶綁上線軸，像風箏一樣，先讓浮力帶出水。潛水員在水下握著線軸的另外一端，進行完「安全停留」後，再緩緩上浮。

清除海廢時，最危險的是漁網

在清除海廢的過程中，風險最大的就是漁網處理。

澎湖海域因為漁業資源豐沛，各類的撈捕活動也非常蓬勃。但伴隨而來的，就是在生態豐富的海域中，存在著許許多多的海底覆網。

澎湖在二〇一九年三月至九月，從海底清出了八萬九千四百三十公尺的陳年漁網，**幾乎是澎湖群島海岸線的五分之一**。

而這只能算是冰山的一角，因此，我們每年都在接力，清除海底廢網。

海底覆網的來源很多，例如廢棄的流刺網、底刺網，都可能成為覆蓋海底的殺手。除此之外，漁民開船捕魚時，倘若漁網鉤到海底礁石，拉不起來，只好忍痛棄網，也可能形成覆網。

對於漁民而言，漁網也是財產，不會輕意棄置。但是在漁業活動密集的海域，漁網難免會因鉤扯而損失，同時也造成海洋汙染。

海底覆網可能會造成很多問題。首先，漁網若覆蓋住珊瑚，會讓珊瑚體內的共生藻無法行光合作用，**導致珊瑚白化，最後死亡**。

其次，**這些漁網經常成為「死亡陷阱」**。一開始，可能是一些小魚遭到纏繞，而這些小魚會吸引更大的生物前來覓食，最後**造成連鎖效應**，卡死一堆生物，有時甚至包括海龜、鯨豚等。

由於多年來固定於南方四島進行海洋清潔，海底的廢棄漁網數量已經大幅下降，但即使如此，兩支氣瓶下來，卻仍然能清除超過三百公斤的漁網，可見水下的覆網仍然不少。

這些漁網九成左右是超過三年以上無人清理的「鬼網」。而其中，有不少來自中國、捕土魟魚的刺網。它們被留在海底，不但會阻絕珊瑚的生長，還會繼續捕捉海洋生物。

漁網非常沉重、堅韌，一旦潛水員遭到漁網纏繞，就有可能產生嚴重危險。再者，網子還會夾帶鉛塊，**一旦出現強勁海流，漁網就可能纏住潛水員，風險極大**。因此，執行清潔的潛水員必須分外小心，避免被漁網纏繞。

更重要的是，這些漁網分布的位置往往都有一定深度，潛水時格外耗氣，必須注意空氣管理，才能順利達成任務。

不要徒手搬運漁網＋逆流割網＋務必與潛伴共同進行

在行前說明時，主辦單位便提醒大家兩個重點：

一、**不要徒手搬運漁網**。必須先利用浮力帶拉起，再從漁網底部割除糾結的部分，讓網子自然浮出水面。不要跟著網一起上浮，以免海流紊亂時，漁網纏身。

二、清除漁網時，潛水員不可順流清理，以免海流沖帶漁網，捲住潛水員。正確的做法，是**逆流割網，讓海流將漁網帶開**。

此外，進行水下作業時，潛水員必須保持身體的流線，盡量不要讓殘壓錶、備用二級頭等亂漂，以免不慎鉤到漁網。

「島澳七七傳奇號」的船長葉生弘就曾經在清除漁網時，潛水電腦錶被漁網鉤纏。當時葉船長的腦海中，就頓時出現了人生跑馬燈。

因此，清除漁網時，一定要**與潛伴共同進行**，並且注意自身安全。

為了有效率地進行覆網清除，潛水員必須先在岸上進行分組、分工，各司其職，以減少在海裡用手勢溝通、誤會造成的時間浪費。

漁網通常呈現長條形，打撈時，先使用數個浮力帶吊起。當漁網上浮後，再將卡到礁石處的網繩切斷，讓漁網直接浮到水面，由船上的人員接續處理。

漁網在水中看似輕盈，但其實非常沉重。因此**在清除廢網時，大約每十公尺便要進行截斷**，否則漁網體積、重量太大，漁船上的人員很難將它拖出水面。所以，潛水員必須以浮力帶為中軸，向左、右各約五公尺處截斷。

我們撿上岸的海底垃圾，只是這個區域垃圾的冰山一角

每次南方四島淨海活動，大約都會清理出至少半公噸的廢棄物，其中包括漁網、大量寶特瓶、玻璃瓶、鐵鋁罐，以及各種五花八門的垃圾，例如船上無線電，甚至是手機。

然而，我們撿上岸的，只是這個區域垃圾的冰山一角。如果不是持續、大規模投入海洋清潔人力，相信這個海域很快又會被垃圾占領。

其實不只是海底垃圾，我在海洋清潔期間，住在將軍澳，就發現這個小島的岸邊有著大量垃圾，慘不忍睹。

而在造訪東嶼坪時，也在海面看到為數眾多的寶特瓶。這些瓶子在海裡待久了，會逐漸沉入海底，最後裂解成肉眼無法看見的微塑膠，進入海洋生物體內，同時滲透到飲用水、食鹽之中，持續毒害人體。

熱愛大海的潛水員靠著熱血，下海清潔，卻阻止不了大量的垃圾進入海中，持續傷害著海洋生態。

每次結束海洋清潔任務，回到將軍澳時，大概都是傍晚了。清洗裝備後，舒服地洗個熱水澡，在夕陽餘暉下，大夥兒齊集在港邊，準備烤肉派對。

在這個小小的海港裡，住了七至八隻海龜。只要站在岸上十分鐘，一定就可以看見海龜浮上水面換氣，足見這個海域的生態豐富，汙染極少。

晚霞掛在地平線上，海面粼粼波光，送來輕柔晚風。在音樂聲中，大家隨意聊天、吃著烤肉，來點啤酒，好不愜意。

只是，**按照如今海洋環境惡化的速度，明年我們再度造訪南方四島時，是否還能看見美麗的海洋呢**？

釣線另一頭的憂鬱

卡在海底的釣線會纏困海底生物，形成死亡陷阱，但對於珊瑚，也是一大威脅。

為何潛水員與衝浪者常是海洋保育的堅實擁護者？因為他們都親眼見過這星球湛藍之心的美麗、脆弱，及其每況愈下。——Sylvia Earle，海洋生物學家，「藍色使命」創辦人

在龍洞3號、4號潛水時，我經常遇到許多海釣的釣客。他們站在岸邊，利用釣竿，將魚線拋得遠遠地，甩出個五十至一百公尺，不成問題。聽說國外有些厲害的釣客，甚至可以拋出兩百到三百公尺遠的距離。

潛水員被「釣」回水面

龍洞是浮潛、潛水、ＳＵＰ、海釣等水上活動的天堂。面積不大的區域，卻擠滿了從事各種活動的人，彼此之間難免會有一些干擾。

例如潛水員入水時，濺起的水花與踢動的蛙鞋，都可能會「打水驚魚」，影響釣客。而另一方面，釣線呈半透明，在水中因為光線與角度的關係，很容易被忽略，所以極有可能鉤到潛水員，把他們「釣」回水面。

幸好，釣客大多很有經驗，熟知潛水員習慣入水的位置，所以通常會避開。

而潛水員在水中，同樣也會遠離釣客下鉤的區域，以免真的被釣到，尷尬出水。

基本上，在東北角，釣客與潛水員雙方都能彼此尊重，相安無事。

然而，在中國曾經發生過一則趣聞。二〇二二年十二月，山東青島有位男子在進行潛水採集時，釣客看到了這位潛水員在距岸六十公尺處所冒出的氣泡，以為有大魚出沒，連忙甩竿出手，結果鉤到了潛水員的腋下，一番拉扯後，將他「釣」了上來。

這位潛水員再次入海後，特意避開了原本捕獲他的釣客，朝向另外一個區域游去，沒想到居然又被另外一個釣客拉上了岸。

潛水員出水時，完全眼神死，十分無奈。他轉身艱難地將魚鉤取下，還給釣客，當即結束潛水。

有網友調侃，這真是「水下的越掙扎，岸上的越興奮」。當釣客在岸上享受拉大魚的快感時，怎麼知道水中的其實是個人呢？

我們從不知道，原來釣鉤、釣線能成為死亡陷阱

釣魚不失為一項健康、趣味十足的運動，然而釣客們或許並不知道，當他們的釣鉤、釣線卡在岩石間，拉不上岸，必須剪斷拋棄後，這些帶著長長一段釣線的魚鉤，就會在海底纏繞珊瑚，甚至絞困海底生物，形成死亡陷阱。

二〇二二年十月，在潮境保育區，就曾有潛水員看見一隻玳瑁的嘴邊鉤著釣線與鉛塊。牠沒有辦法浮出水面換氣，奄奄一息。

在更早的二〇一八年四月，也有人目擊海龜遭魚鉤穿頸而死亡。二〇一七年，印尼有兩名潛水員，發現鯨鯊的嘴巴上掛著魚鉤與釣線，於是徒手用鉗子協助鯨鯊移除。

同年，在蘇格蘭北海岸，也有小海豹遭釣龍蝦的釣線纏困，救援人員在小海豹的掙扎中，

冒著可能被咬傷、抓傷的風險，花了一番力氣，才將牠身上的釣線割斷。

而我自己，也曾經在龍洞海底看到被當作活餌的魚，身上帶著魚鉤與釣線，被一隻裸胸鯙（海鰻）吞食。當死魚連鉤被吃進肚子，想必這隻海鰻也將在劫難逃。

令潛水員顫慄的木蝦

不過，在我心中最可怕的，是用來釣軟絲的木蝦（台語發音為柴蝦）。木蝦是一種擬餌（lure），在台灣有時也將英文 lure 音譯為路亞。

哈利路亞，名字聽起來多麼聖潔可愛，但是這其中卻隱含著恐怖的殺機。

木蝦並不是真正可以被魚吃掉的活體，也不會釋放食物的氣味（除非額外添加引誘劑），而是利用塑料、金屬、矽氧樹脂等材質，模仿小魚、小蝦的模樣所做的人工仿生魚餌。

木蝦的造型活像顏色鮮豔的魚蝦，十分漂亮、可愛。由於釣客會抽動釣線，模擬小魚、小蝦游動的姿態，吸引頭足綱生物上鉤，所以木蝦很容易就會鉤到岩石。**這種擬餌大多是塑料製造，留在海底，本身就是一種海底垃圾**。

最令人感到顫慄的是，在木蝦的一端，還有兩圈十分尖銳、鋒利的倒鉤，因為長時間泡在海水裡，很多都還生鏽了。

這些倒鉤原本是用來引誘軟絲捕食，一旦軟絲的觸手環抱魚鉤，就難逃厄運了。但是當木蝦留在海底，鋒銳的魚鉤就不只會傷害吞食它們的生物，就連潛水員在淨海時都要格外小心，以免被刺傷。

在和美國小附近的海底，特別是近岸三十至四十公尺、深度約五至十公尺處，到處都是釣線、木蝦。

通常我在東北角潛水時，都會**隨身攜帶割繩器**，以及一個狹長的塑膠盒子，讓我能專門在海底清理、放置從海裡清出的釣線與木蝦。

釣線對於珊瑚的致命威脅

卡在海底的釣線，除了會纏困海底生物以外，對於珊瑚也是一大威脅。

珊瑚被稱為「海洋中的熱帶雨林」，是許多魚類與海底生物的重要棲地，然而在東北角的珊瑚，卻面臨了多重威脅。

首先，**珊瑚身上的共生藻（例如蟲黃藻）需要行光合作用，因此對於泥沙覆蓋相當敏感**。員山子分洪落成後，雖然解決了基隆河下游的淹水問題，但出水口卻會排出大量泥沙，讓東北角海域的懸浮物增加、能見度變得更差，海水經常猶如「味增湯」。

若在日照不佳時潛水，幾乎直接進入了「夜潛」模式。而高含沙量的海水，同時也影響了珊瑚的生長。

其次，台灣東北角的冬、春兩季氣溫太冷，一至二月的海水平均溫度是十六至十八度。夏季又太熱，七至八月的最高水溫可達三十至三十二度，對於最適合的水溫二十至二十八度，而十七度就會停滯生長的珊瑚來說，可說一年到頭都處於「冰火五重天」的煎熬之中。

再加上東北季風帶來的大浪，也會破壞海底珊瑚，所以**東北角的珊瑚，牠們的日子本來就是內憂外患**。

除了上述各種環境的壓力之外，珊瑚一旦被釣線纏上，日積月累後逐漸長出藻類，接著再附著各種懸浮物，阻隔陽光，就會影響珊瑚共生藻的光合作用，造成珊瑚白化、死亡。

為珊瑚清除釣線時的無數危機

軸孔珊瑚的形狀像樹枝，特別容易卡釣線，所以受到的傷害相對比微孔珊瑚更多。

我經常在龍洞海底，花很長的時間為珊瑚清除釣線。

這些釣線的位置，通常落在深度五公尺附近的淺水區，而這個區域的浪湧相對較強，因此每當清除釣線時，我與潛伴都會不斷地被海水推得前後左右搖晃。

懸浮在水中，必須維持良好的穩定度。雙手隨著波浪，靈活地抵銷拉扯力量，才不會在切割釣線的同時，將珊瑚硬生生拉斷。**珊瑚的生長非常緩慢，每年大約只能長一公分**。隨便扯下一截，可能都是十幾年的歲月累積，所以必須非常小心、謹慎。

漂浮在水中的釣線，隨著浪湧來回搖晃，會一圈又一圈纏在珊瑚上面，因此清除纏繞的釣線，是一項非常耗時的工作，必須要有「抽絲剝繭」的耐心，才能達成任務。一般的潛水時間都在四十分鐘左右，然而**每次清除釣線，我都必須在水下待上九十至一百分鐘，才能夠大致清除一小塊區域的釣線纏繞**。

此時，使用尖刀型的潛水刀，反而不太順手，我個人喜歡使用U型鐮刀般的割繩器。左手抓起一小束釣線，右手隨即一割，釣線應聲而斷，安全而有效率。有人也喜歡帶紗布剪刀下水，由於剪刀鉸動時，比較不會對珊瑚產生應力，對珊瑚的破壞也較小，是不錯的選擇。但是，如果遇到較粗的繩索或漁網時，使用剪刀很難切斷，割繩器還是好用得多。

珊瑚身上一條條白色的「勒痕」

我經常在緩緩割開釣線後，發現珊瑚身上有一條條白色的「勒痕」。這些痕跡並不是因為釣線傷害到珊瑚的外骨骼，而是因為釣線阻隔了陽光，讓共生藻無法行光合作用，最後共生藻脫離珊瑚，形成白化的痕跡。

二〇二〇年，因溫室效應而造成的全球珊瑚大規模白化，台灣也無法倖免。不只是墾丁的珊瑚傷亡慘重，我在台灣的東北角，同樣也看見了許多潔白、晶瑩的「新死珊瑚」。瀕死的珊瑚呈現螢光色。此時如果環境恢復，珊瑚還可以活回來。然而，如果環境持續惡化，珊瑚的共生藻就會脫離珊瑚，露出珊瑚本身雪白的外骨骼，也就是我們所稱的白化。

一旦珊瑚白化，失去了共生藻所製造的養分，很快就會餓死。而**珊瑚一死，牠所建構的生態系，也會隨之崩解**。

除了海水高溫所造成的大規模珊瑚白化，東北角的珊瑚也會因為釣線、漁網覆蓋，共生藻無法行光合作用，而造成白化。在和美國小附近有許多非常美麗的桌型軸孔珊瑚，都因為受到釣線纏繞而出現白化。

這些珊瑚甚至有些部分受到釣客硬扯，被釣鉤、釣線牢牢卡死，有時會是滿地的斷枝殘幹，當在水中看見這番場景，真的會讓人非常傷心。

身為潛水員，我對於魚鉤與釣線，仍感到憂心忡忡

在網路上，經常有釣客與潛水員互戰。潛水員指責釣客影響生態，而釣客則反控，少數潛水員違法持魚槍盜獵，專挑高價值魚種下手；針對性強，傷害海洋環境比海釣更大。另外，釣客也認為少數潛水新手的技術生疏，經常踢斷珊瑚，對環境的衝擊也比釣客更加嚴重。更何況，海釣所釣起的魚非常有限，比起大規模捕撈的漁船來說，根本是九牛一毛。總而言之，釣客不應該承擔破壞海洋環境的罪名。

這些說法其實都不無道裡，氣候變遷、商業漁法所造成的「過漁」、各種工業與生活廢棄物所形成的垃圾汙染，其實都比海釣所造成的影響更加深遠。然而，身為潛水員，我仍然對於卡在礁石中的魚鉤與釣線，感到憂心忡忡。

因為釣客站在岸邊釣魚，或許只有幾個鐘頭，影響有限；但是他們遺留在海底的「死亡陷阱」，卻會長時間傷害各種生物，甚至產生連鎖反應。

大海很美麗，令人屏息。然而，在一望無際的美景的表象之下，倘若仔細觀察，就會在沙底裡、岩縫間，發現多到嚇人的海底垃圾，以及廢棄的魚鉤、釣線。

潛水前輩告訴我，台灣過去的海不是這樣的。

從八斗子到番仔澳之間的天然海灣「望海巷」，過去可以看見鯨魚噴水。這個地名中的「海巷」，台語的念法是「海翁」，亦即鯨魚之意。望海巷的原意，竟然是賞鯨。

台灣的大海，曾經生機蓬勃，一點也不比國外差。而如今，我們只能花重金出國去追鯨。

於是，身為一位潛水教練，我強烈地意識到必須要在教學時，讓潛水員明白海洋的美麗，以及正在面臨的生態危機。

或許台灣每多一位潛水員，就會有多一個人熱愛海洋，並且看見海洋的問題。

希望，這一切都不會太晚。

大學的「減塑園遊會」

無論減塑園遊會有多成功，畢竟也只是一天的成績，因此，「減塑」，甚至「無塑」刻不容緩。

這是最糟的時代，也是最好的時代，因為我們還有機會改變。——Sylvia Earle，海洋生物學家、「藍色使命」創辦人

經常潛水撿垃圾，我發現海洋的垃圾問題非常嚴重。於是，我開始思考，在努力清潔海洋的同時，我也應該身體力行垃圾減量。

在背包裡攜帶筷子、湯匙、吸管、食盒、杯子，早已經是我的生活日常，但是，減塑的觀

念應該要進一步推廣、落實，否則僅僅少數人努力，不足以扭轉塑膠垃圾汙染的問題。

二〇一八年十月，當時我在學校擔任課外活動指導組的組長。由於課指組承辦全校的園遊會，我開始嘗試舉辦「減塑園遊會」。

一般的園遊會結束後，都會製造大量一次性塑膠垃圾，而這些垃圾的來源，大多是免洗餐具與塑膠袋。

為了降低垃圾量，我向環保餐具公司「青瓢」租借五百套餐具，並且與本校的環保社團「樂社」合作，在學校行政大樓前面設置租借點。

同學只要押學生證，並且付十元的租借費，就能租借餐具。租借餐具的同學，可以在各攤位享有優惠，我希望能藉此減少使用免洗餐具。

我心中打著如意算盤，期待這樣的措施能夠降低園遊會所製造的一次性塑膠垃圾。

然而，這次的活動卻徹底失敗了。

攤商為什麼完全不守信用呢？

園遊會開始後，各攤位前很快就出現排隊的人龍。為了加快出餐速度，原本信誓旦旦支持環保、承諾避免使用一次性餐具的攤商，開始使用各類紙杯、免洗碗盤，同時隨附免洗筷、塑膠湯匙，甚至還使用塑膠袋。

我大感震驚，這些攤商怎麼完全不守信用呢？

我直接詢問攤位。攤商理直氣壯地表示：「學生不租借餐具，難道我們要拒絕販售，眼睜睜看著客人離開嗎？」

除了校內的攤位外，其他大多數的攤位都來自於夜市。他們到園遊會擺攤就是希望多賺一點錢，誰會想要為了環保，跟錢過不去呢？

我沿路攔人，費盡唇舌宣導

當我發現學生不願意租借餐具，我開始請「樂社」同學在園遊會沿路宣傳，鼓勵遊客到行政大樓前租借餐具。

學生很害羞，根本不好意思走出去「拉客」，也不敢跟遊客說話。

我只好親自站出來，拿著文宣，沿路攔人，請大家租借餐具，不要使用一次性餐具。

我在大太陽下費盡唇舌，向同學解釋園遊會可能製造的大量垃圾，並且希望他們能夠為了保護環境而租借餐具。

然而，大家的態度卻異常冷漠。

大部分的人顯然覺得垃圾問題與他們無關，只要將垃圾好好丟到垃圾桶裡，接下來，自然就會有清潔隊負責處理。垃圾實際上會到哪裡去，完全不關他們的事。

紙製餐具內層的塑膠淋膜，在高溫下，還會溶出微塑膠

況且，紙杯、紙碗、免洗筷聽起來都是可以回收的紙張、竹子，怎麼會製造難以處理的垃圾呢？

他們不會想到，紙製餐具內層的塑膠淋膜，大多是ＰＥ（聚乙烯）、ＰＰ（聚丙烯），也算是塑膠製品，在高溫下，還會溶出微塑膠。竹製的免洗筷雖會分解，但是包裝筷子的塑膠袋，也還是會形成垃圾問題。

然而，即使我努力宣導，大家在聽完後，仍然選擇走到攤位前，付完錢，拿著食物就走。吃完後，隨手一丟，多麼方便。何必大老遠去租借餐具，既要押學生證，又要付租借費，用完，還要走回來歸還。雖然十塊錢不多，但就是懶得去租。

租借餐具，感覺就是多此一舉的麻煩事。

我不斷苦口婆心地宣導，然而真正願意租借餐具的人，卻寥寥無幾。

大家冷漠地看著我，甚至直接對我搖搖手，一副拒絕推銷的態度，然後照舊購買已經裝在免洗碗盤中的食物。

一整天下來，我講得口乾舌燥，真正租借餐具的人卻屈指可數。置身在人群中，我看著大家毫無罪惡感地使用一次性餐具，然後垃圾飛快地增加。我感到十分酸楚，一股無力感頓時湧上心頭。

從這次失敗的經驗中，我深切感受到，**一般民眾要割捨一次性餐具的「方便性」與「高效率」，並且改變使用習慣，有多麼困難**，而這也難怪全世界的塑膠垃圾問題會如此嚴重了。

雖然失敗了，我卻不願意放棄。我與同仁及社團幹部們討論失敗的原因，決定捲土重來。

深刻反省失敗的原因

在大學校園辦減塑園遊會，的確比中小學難度高很多，需要更多的宣導與前置作業。

首先，中小學營養午餐的餐盤、餐具，可以直接用於園遊會，學生的接受度也比較高。但是在大學辦園遊會，要叫學生自備餐具參加，這真是難上加難。即使學校提供了非一次性的餐具，但是如何方便地借還？用完，誰來清洗？如何確保衛生？經費哪裡來？這些都是問題。

其次，中小學園遊會的攤位大多是校內師生自己營運，控管比較容易。但是大學園遊會的攤位，很多都是外包給校外夜市攤商，這些攤販早已習慣使用免洗餐具。客人還沒來，食品就已經放進免洗碗、塑膠袋裡包好，這樣販賣時才有效率。因此，要他們改變食品製作的流程，難度很高。

最後，大學是高度自治的環境，因此在資訊宣傳、流通方面，相對較為困難。相較於中小學可以透過週會、班會、課堂宣導，在大學裡，這些場合相對較少，而且學生的出席率也沒有中小學那麼高。

更何況，不只是學校師生會參加園遊會，畢業校友、校外人士也都會參加，所以餐具的使用人數無法預估，也增加「減塑」的難度。

重新擬定「戰略」，我們不願放棄

分析失敗的原因後，我與同仁們重新擬定「戰略」。二〇一九年的園遊會，我們痛定思痛，重新出發。

在宣傳方面，從全校主管的籌備會議，到各系的協調會議、公文、e-mail、校內公告、海洋廢棄物影片輪播、海報、標語，我們不斷提醒大家，園遊會將採取的「減塑」措施，並且說明餐具租借方法，同時不斷重複宣傳減塑理念。

從園遊會的主題 Truss 設計，到園遊會點券的摺頁、形象背板、攤位招牌，到各類文宣，甚至園遊會廣播、園遊會主持人的播報詞等，我們都將餐具租借、垃圾減量、海洋環境的意象融入，並強力推播「無塑」的理念。

學生從覺得減塑是自找麻煩到願意改變

二〇一九年園遊會的攤位約六十個，其中有二十個校外攤位、四十個校內攤位。因此我們主動找學生社團開會，了解各攤位所販賣的產品，一起來思考產品製作、販賣過程中如何「無塑」。而這個**溝通與思考的過程本身，就是很好的宣傳與教育**。

許多學生剛開始對於減塑的看法，都覺得是自找麻煩，但隨著向他們說明垃圾問題的嚴重性，大多數的人都開始有了轉變。

在園遊會中，大部分的塑膠垃圾都來自於「預包裝」，例如預先將飲料裝進免洗杯封口，或是把餅乾、食物預先裝進塑膠袋、免洗餐盒中，顧客上門，才可以快速供貨。

當然，垃圾製造的速度也就更快。因此，**我們要求校內學生攤位，食物不可以「預包**

裝」，顧客上門必須自備餐具。如果忘記帶餐具，攤位會請同學去免費租借服務，再回來盛裝食物。

在會場設立六個「環保餐具租借」攤位

其次，有鑑於去年的租借點太少，大家懶得跑太遠的缺失，我們在會場周遭設立了六個「環保餐具租借」攤位。預先從校內經費中編列預算，並且將攤位平均安插在操場周邊，讓大家走不到幾步，就租得到餐具。

由於預先編列預算，環保餐具不再需要付費，而是完全免費租用，包括叉子、食盒、食盤、杯子，一應俱全。憑證件就可租用各種餐具，可以單獨租一個杯子，也可租借整組。每個單位都有專人排班，利用配對號碼牌，一張給租借者，另一張夾在寄押證件上，加快租借速度。

餐具使用完後，不用清洗，直接歸還。統一送回業者，進行專業清洗，以確保餐具的衛生。最後，由樂社的社員組成「遊園會巡查隊」。如果有攤位使用免洗餐具，立刻提出道德勸說，並且建議遊客租借環保餐具。

在園遊會進行的過程中，巡查隊果然就發現了不少攤位因為貪方便，偷偷使用一次性餐具。此時，**我就會主動過去關切，熱情地鼓勵他們放下免洗餐具，為環境盡一份心力**。

一次性垃圾減量超過五百多公斤

經過一天的努力，這次的減塑園遊會比去年進步許多，一次性垃圾減量超過了五百多公斤。

然而，仍然有一些問題，可提供有意舉辦類似活動的朋友參考。

首先，在環保餐具租借點方面，當初為了方便遊客租借，六個租借點都散落於攤位間。雖然我們使用綠色帳篷，與一般攤位的紅色帳篷區隔，但仍然不太明顯。因此，或許可以直接在活動區域的入口，人流的主要出入口，設立「旗艦點」。**遊客一進入園遊會，就由同學出面宣導，「先借餐具，再入場逛攤位」**，如此一來，應該可以更加提高餐具租借率。

第二，原本我們曾思考「甲租乙還」的可能性，增加遊客使用餐具的方便性。然而，由於這可能會增加餐具以及證件的遺失風險，因而作罷。但也因為如此，各攤位間的溝通性並不高。六個餐具租借點，各項餐具借出用罄的品項各不相同，較難相互支援。

雖然總負責人會逐攤巡視，統計數量，但是仍有時差。因此，倘若各攤位能夠有無線電聯絡，讓租借點之間互通有無，相互支援，效果會更好。

第三，不少校外攤商雖然樂意配合環保，但是他們所販賣的食物本身，在製作流程、包裝上，就很難配合餐具租用。此時，不免就會出現抱怨的聲音。

而這一點，或許可以在招商時，由校方仔細檢視攤商所販賣的食物，並且確認他們是否可以改變製作流程，使用環保餐具。

唯有校外攤商也願意配合，減塑才能更徹底。一旦攤商只以賺錢為目的，缺乏對環境的使命感，大學園遊會的減塑行動就會困難重重。

最後，即使不斷宣導，資訊的滲透率仍然偏低。也就是，雖然學校方面不斷試圖傳達減塑的概念，卻有許多人沒有接收到資訊。因此，如何整合各系資源，強化與各班導師的溝通，甚至整合環境相關通識課程，讓更多學生認識到減塑的必要，也是努力的方向。

無論減塑園遊會有多成功，畢竟也只是一天的成績。事實上，我們日常生活中的塑膠垃圾製造，早已經超過環境可以負荷的程度。因此減塑，甚至無塑刻不容緩。

根據愛倫・麥克阿瑟（Ellen MacArthur）基金會統計，**在二〇五〇年，海洋垃圾的重量將大於海洋生物的體重總和**，這是多大的危機。

地球環境的危機，來自於人類過於習慣於「方便」，然而人類的方便，已經造成了整個地球的不便，而這是每個人都無可逃避的問題。

致命的美麗——僧帽水母

僧帽水母的出現，或許正是給人類的一個警訊。

海洋猶如一個銀行帳戶，每個人都在提款，卻沒人存款，這就是「過度捕撈」所導致的事情。
——Enric Sala，大學教授、海洋保育家、「海洋墓誌銘」撰寫者

二〇二四年四月，媒體報導民眾到台東杉原海水浴場遊玩，卻發現了有劇毒的僧帽水母。中文僧帽水母的由來，是因為牠的外型看似藏傳佛教僧侶所穿戴，形如雞冠的僧帽。而英文名字，則是因為牠很像十六世紀的葡萄牙帆船戰艦，所以是「葡萄牙戰艦」（Portuguese man o'war）。這個「man o'war」字面上是「戰爭之人」，但其實是十六至十九世紀對於配

備大砲的風帆主力艦或巡洋艦的稱呼。

雖然名為水母，但其實牠是包含水螅體及水母體的管水母群落，毒性堪比眼鏡蛇，**媒體稱是「世界第三毒」的生物**。

當然，海底有劇毒的生物極多，例如澳洲方水母、藍環章魚、青環海蛇等，僧帽只是其中之一而已。

近年來，台東附近的海域經常有僧帽水母出沒，所幸最近出現的大多只是藍瓶僧帽，毒性相對較低，但是仍然不容小覷。

分辨僧帽與藍瓶的最簡單方式，是僧帽具多條長鬚，而藍瓶只有一條。不過，無論是哪一種，都是劇毒的生物，而且活體、屍體，甚至是斷肢都有劇毒，必須注意，千萬不要觸碰。

電影《水行俠》中，公主梅拉身穿一件美麗的皇家禮服，她的披肩就是色彩變換的僧帽水母。這個造型太搶眼，甚至被做成了芭比娃娃，也經常被真人cosplay。然而，能把這種致命的生物真實地穿在身上，大概也只有梅拉公主能夠駕馭吧。

好像被放進油鍋裡炸

近年來新聞報導，僧帽水母在台灣東海岸爆發，包括花蓮七星潭、綠島、宜蘭頭城竹安河口，都曾經陸續現蹤，而這與冬、春之際的東北季風，應該有一定的關聯性。

僧帽水母很恐怖，二〇一八年十二月，我認識的一位潛水學員在台東北東河衝浪，就曾被僧帽水母打到。她不但痛不欲生，甚至還意識不清，受到非常大的痛苦。她形容，當時被水母打到的地方，就「好像被放進油鍋裡面炸」，熱痛不已。

不過，**如果不幸被僧帽水母螫到，千萬記住，不要用醋，更不要相信民間偏方——用尿**。

許多潛水員受訓時都學過，被水母螫傷，可以用醋酸或醋急救。但是僧帽水母屬於管水母，由水母與水螅體共同組成，毒素屬酸性。如果用醋治療，反而會強化刺細胞毒素，讓人更加痛苦，所以千萬不要用醋！不要用醋！不要用醋！很重要，所以說三次。

根據前述受害的潛水員的親身經驗，她的醫生一開始也是使用醋，反而讓她疼痛加劇。在查詢資料後，她的朋友買來小蘇打粉，中和了酸性毒素，才逐漸緩解她的疼痛。

另外，**一開始千萬不要用淡水沖洗患部**，因為淡水會製造較低的滲透壓，令刺細胞體內的毒素加速釋出，所以會更嚴重。

建議**如果在海邊急救，可以先用海水沖洗，然後以塑膠卡片刮除水母觸手**，但刮除時，千萬不要再觸碰到健康的皮膚。

到醫院後，可改用更衛生的生理食鹽水沖洗，並用鑷子摘除水母殘肢，以免刮除時又波及其他區域的皮膚。切記，千萬不要再用手去碰患部，以免「流毒無窮」。

清理完水母殘肢後，才能使用熱水浸泡患部，因為熱會分解毒素中的生物蛋白（這部分，則與被一般水母螫傷時的急救雷同）。

值得海洋研究人員與相關單位重視

我查詢網路，發現僧帽水母每年在台灣出現，雖然屬於零星個案，但近年來陸續有目擊案例，實在值得海洋研究人員與相關單位重視。

其中二〇二〇至二〇二二年，在網路上查不到目擊紀錄，應該與疫情爆發，大家減少出門有關。也就是，不是僧帽沒有出現，而是可能沒有被人看見。

以下是有紀錄的僧帽水母目擊，頻率真的太高。

二〇〇九年六月　新竹海山漁港

二〇一三年六月　基隆外木山

十二月　野柳

二〇一四年七月　北台灣

七月 墾丁南灣，墾管處罕見發布警訊
二〇一五年 東沙國家公園每年於北側海岸線出現，但該年擴張至南側
二〇一六年六月 墾丁南灣
二〇一七年二月 花蓮七星潭
二〇一八年十月 台東烏石鼻漁港、杉原灣
二月 花蓮七星潭（我的朋友 Jimmy Wu 教練目擊）
十一月 桃園大潭（我的同事 Kuei-min Huang 教授目擊）
十二月 台東北東河（學員 Jennie Chiu 遭僧帽水母螫傷）
十二月 台東綠島
二〇一九年一月 花蓮七星潭
一月 宜蘭頭城竹安河口
一月 台東綠島
一月 基隆和平島
二〇二三年十一月 台縣東河鄉七里橋（大量出現死亡）
十一月 苗栗竹南鎮龍鳳漁港
二〇二四年四月 台東杉原海水浴場

四月 台東縣卑南鄉富山護漁區海灘

根據《當水母佔據海洋》一書的作者麗莎安・蓋西文（Lisa-ann Gershwin）分析，**水母族群爆發的原因，不外乎過度捕撈魚類、環境汙染、氣候異常等因素**。

近年來，全球暖化造成海水溫度上升，並且逐漸酸化，提供了僧帽水母有利的生長環境。其次，台灣河川排放的肥料與營養鹽進入海中，導致大量浮游生物生長，也可能吸引水母前來捕食。

失衡的生物鏈

僧帽水母的天敵是曼波魚、蠵龜、紫螺、海蛞蝓，後面兩個物種雖然體積小，但是會攀附在僧帽上啃食。

潛水界中知名的「大西洋海神」海蛞蝓就會吃僧帽水母。而另外一個天敵——曼波魚，也被稱為翻車魚或太陽魚，因為花蓮過去多年舉辦「曼波魚美食節」，大量捕撈，對於曼波魚族群有一定的影響。現今雖然已經停辦，但是**曼波魚在花蓮的餐廳及海產店，仍是熱門的海產選項**。

雖然漁業署聲稱曼波魚的數量沒有受到影響，但是在缺乏管控的情況下，曼波魚的數量難以掌握，誰又能保證沒有遭到衝擊呢？

二〇一五年，「世界自然保護聯盟」（IUCN）已經將曼波魚列入《國際自然保護聯盟瀕危物種紅色名錄》（The IUCN Red List of Threatened Species）。由於曼波魚數量銳減，僧帽水母的天敵也隨之消失，或許，這也是僧帽水母大爆發的諸多原因之一吧。

此外，蠵龜、玳瑁的大量減少，相信也對僧帽水母的爆發有影響。赤蠵龜與綠蠵龜是最常遭受漁網、漁具困住的海龜，也都是頻臨絕種的珍稀物種，而海龜常將塑膠袋誤認為是水母而誤食，也造成了不少傷亡。

大海原本是友善、包容的，它是孕育許多生命誕生的起源，然而，就在人類不斷破壞環境、過度捕撈之下，大海彷彿是一個被過度提領，卻又沒有存款的帳戶，逐漸枯竭，甚至大海開始反撲，讓人類嘗到自食惡果的苦頭。

僧帽水母的出現，或許正是給人類的一個警訊，提醒我們大海正在失去平衡，而我們應該在還來得及之前採取行動。

【結語】立法院前的全家陳情

為了海洋，我決定全家大小一起走上街頭。

試著讓這個世界變得比你所見時更好一點，而當生命即將告終時，你可以欣然而逝，因為你已盡了最大努力，沒有浪費時間。——Robersons Baden-Powell，英國陸軍中將、作家、童軍運動創始者

二〇二四年八月，我收到一張來自於「海洋委員會」的明信片：

「總統令，中華民國113年7月31日，華總一義字第11300068291號，茲制定海洋保育法，

公布之」；另外一面則寫著：「承蒙協力完成海洋保育法立法，懇請繼續支持海洋保育行動，為我們的孩子守護這片海洋。」

署名為總統、行政院長、海洋委員會主委。

看到這張明信片，我的內心百感交集。

就在法案通過的前一年，二〇二三年四月十二日下午，**我受到綠色和平組織邀請，全家站在立法院研究大樓前，為了支持《海洋保育法》立法、倡議三讀，在街頭開講**。

當時，我的兒子出生還不到四個月，女兒也剛滿兩歲。COVID-19疫情雖已漸近尾聲，但寶寶都還那麼小，我們仍然盡量避免帶著他們到公共場所。

然而，為了海洋，我依舊決定，全家大小一起走上街頭。

我們被警衛擋在立法院門口

我手中拿著平板電腦，分享我在水下所拍攝的海底寶特瓶垃圾的影片，而老婆則背著兒子，一手推著嬰兒車上的女兒，一手幫我拿麥克風。我們很努力地呼籲著，希望大家重視海洋所面臨的危機。

然而，我們被警衛擋在門口。

立法諸公們匆匆來去，沒有人願意駐足聆聽我們這些小市民的心聲。世界似乎總是這樣，即使費盡所有力氣吶喊，但總沒有什麼人注意。但是，至少我們為了自己的信念，為了下一代而盡力去做了。

海洋資源迅速枯竭

根據中研院的長期監測，北部海域在二〇〇五年有多達一百四十二種魚種，二〇二〇年卻只剩下三十七種，共銳減一百零五種。

而漁業署也發現，台灣沿近海漁業在一九八九年達到高峰後，逐年下降。二〇一九年的漁獲量，已從約四十萬公噸降至不到二十萬公噸；產值則從四百五十四億元，慘跌至一百七十五億元，跌幅高達52％。

而根據我個人的經驗，原本每隔四至五年，東北角都會出現臭肚魚群的大爆發。那是數以萬計的魚群，如同「風暴」般，在陽光下熠熠生輝，美得令人屏息，**然而這樣的盛況，卻已經遲到好多年了**。

原本應該兩年就制定出來的法案，一拖就是將近一千五百個日子

海洋環境的急速惡化，海洋資源枯竭，海保法卻遲遲無法立法。了解海洋環境危機的民間團體，無不感到憂心。倒是政府的行政與立法機關，都似乎好整以暇、戒急用忍，對於海保法的推動無聲無息，幾近被動。

在媒體上，我看到執政黨立委們一副「我們已經盡力了」、「別著急，我們一定會處理」的態度，安撫（敷衍？）著民間團體。然而事實卻是，法案遲遲未付三讀，令人不禁懷疑，所謂的「盡力」，可能只是「以拖待變」的政治策略吧？

台灣在二〇一九年通過《海洋基本法》後，條文中，明定政府須在兩年內完成制定保育生態系統的法令，亦即《海洋保育法》。

有了這個法令，就能夠劃定「海洋保護區」，並且釐清權責。更重要的是，《海洋保育法》賦予了「執法權」，未來違法盜用海洋保護區資源，就可以更有效地制裁。

然而，截至我們站上街頭為止，《海洋保育法》已然懸置四年。

是的，原本應該兩年就制定出來的法案，一拖就是將近一千五百個日子。

儘管環團大聲疾呼「行政怠惰是海洋殺手」，政府卻似乎充耳不聞。更令人擔心的是，如果《海洋保育法》沒有在二〇二三年五月三十一日前三讀通過，就會錯過法案審查會期。等到二〇二四年立委改選，《海洋保育法》立法就必須重來一次，那麼過去大家的努力就只能前功盡棄了。

這就是為什麼，當時我會毅然決然帶著孩子們走上街頭的原因。

是為了不要影響漁民的選票嗎？

《海洋基本法》通過後，按理應該盡速制定「海洋三法」，亦即《海洋保育法》、《海域管理法》，以及《海洋產業發展條例》。

然而，或許是因為制定了《海洋保育法》，劃定「海洋保育區」後，可能會影響漁民的利益，而漁民是重要的選民啊，因此這些法案似乎被刻意地擱置了。

或許是為了不要影響選票吧？政府遲遲不採取行動。除了《海洋產業發展條例》在二〇二三年六月二十一日通過外，其他兩個法案都在立法院卡關。

我在電視上看到環團拉紅布條、爬上路燈抗議，甚至到會場堵立委，要求積極排審法案。

看到民間團體如此努力，甚至不惜採取激進手段，我不禁感到疑惑，在整個立法的過程中，為什麼民間總是比政府著急呢？

如此重大的法案，不但明文規定「海洋保育區」的劃設標準，甚至具體界定執法權責、罰則，正是人民賦予政府一柄可以有效保護海洋的「尚方寶劍」。

然而，在整個推動立法、三讀的過程當中，政府卻彷彿很抽離，一副靜觀其變的態度。反倒是民間團體，因為時間的急迫性而發起激進的抗爭。

台灣公權力對於海洋保育的態度，一直以來都十分「消極」

是的，在我的印象中，台灣公權力對於海洋保育的態度，一直以來都是十分「消極」的。政府在海洋議題上，似乎總是不願意面對爭議。他們也不是沒有做事，只是他們會優先進行不容易引起衝突的工作，例如棲地保育、生態調查。

在海洋資源面臨浩劫的今日，漁業資源已經成為了利益糾葛的標的。倘若政府太過積極執法，捍衛海洋資源，管制「非法、未報告、不受規範」漁業，一定會引起嚴重的衝突。**這種衝突，容易被抹黑成為「妨礙漁業發展」，吃力而不討好**。

因此，雖然政府也明白「竭澤而漁」的漁業需要被管制，也唯有先取締違法漁業，讓海洋生態休養生息，才能永續發展，但是卻沒有勇氣鐵腕執行。

因此，面對爭議、衝突、矛盾，民間環保團體反而比政府更加積極。

漁業資源，涉及了龐大的商業利益

海洋資源，特別是漁業資源，涉及了龐大的商業利益。

如果不是由政府積極介入，鐵腕保護海洋環境，那麼在漁民普遍「我不捕這些魚，別人也會抓走，何必便宜別人」的心態下，海洋資源絕對會逐漸枯竭。而民間團體無論再怎麼努力，總是隔靴搔癢，找不到施力點。

例如，**台灣各地方政府對於刺網規定各自為政，標準紊亂**，以至於台灣沿海的近岸生態，嚴重遭到衝擊。

其次，**台灣的「海洋保護區」**原本就有七十處，受保護面積占台灣海域的8.38％。然而，這些保護區其實都**有名無實**。漁民、民眾公然違法，卻鮮少遭到公權力制裁。

在國家公園裡，甚至可以公然撒網捕魚，也鮮少遭到取締。若有民眾看不慣檢舉，出面制止，反而會被違法人士挾怨報復。

由於政府保護海洋環境的決心相當薄弱，真正擔心海洋環境的民眾只好孤軍奮戰，毫無後援。長期捍衛澎湖南方四島海洋生態的志工陳盡川，就經常因為阻撓非法捕魚、釣魚，而遭到恐嚇、毆打、船隻遭縱火。

即使有人舉報，執法單位往往也都是要求舉報者主動舉證

上至中央，下至地方，對於漁民非法捕撈，或是民眾違法漁獵，往往睜一隻眼，閉一隻眼。即使有人舉報，執法單位往往也都是要求舉報者主動舉證才會出動，而不會積極查緝、執法。這種感覺，就好像民眾去警局報案，但是警察要民眾自行蒐證，警方才會出動一樣。

感覺上，政府就像是一個掌握著資源的聖誕老公公，透過補助經費撒錢，讓民眾走到海洋保育的最前線，利用民眾捍衛海洋的熱情與使命感，一方面博得民眾好感，一方面以民眾的保育成果，當作政績來宣傳。

當然，民氣可用並不是壞事，而公民參與環境保護，本來就是大家能夠為海洋環境所做的分內之事。

只是，我常常在想，除了民眾的努力，**我們更加期待政府硬起來，為了捍衛海洋而站到第一線**。

潛水教練下海打魚，在自己的網頁高價兜售「現撈ㄟ」?!

例如，當有人舉報違法捕魚時，政府會有人出動制裁嗎？

我曾經看見潛水教練成日趁月黑風高下海打魚，然後在自己的網頁高價兜售「現撈ㄟ」。激於義憤，我向當地執法單位舉報，結果**得到的回覆是，要我自己深夜到海邊去站哨，抓到現行犯後，再向他們舉報**。不然，他們說：「人力不足，無法在深夜出動。」

台灣是海洋國家，政府難道不該為了捍衛海洋生態與資源而實施鐵腕，特別是在近年海洋生態急遽惡化的關鍵時刻？然而，為什麼他們總在許多重大的海洋環境與資源議題中，如此的沉默？

實際上，台灣政府鮮少站在第一線捍衛海洋。

當帛琉等國家設立瞭望台，透過嚴密監控，打擊盜獵、盜採海洋資源的同時，台灣卻仍然對於國內海洋保育區，甚至海洋國家公園中的違法行為視若無睹。

臨時、倉促的「搶救東沙珊瑚大作戰」

近期東沙群島棘冠海星大爆發，這種生物的外號是「珊瑚殺手」，牠們對於當地的珊瑚生態造成了很大的衝擊。為了解決棘冠海星的問題，內政部號召，國家公園署海洋國家公園管理處向民間募集潛水員志工，由海保署出資，成立「屠棘隊」，前往東沙群島，進行海底清除作業。

這項活動立意良善，且東沙群島平時並未對外開放，對於許多潛水員而言十分神祕，因此許多人自告奮勇前往。因為僧多粥少，形成了許多民間潛水團體極力爭取，卻只有少數人可以前往東沙群島，幾家歡樂幾家愁的狀況。

我心中不禁疑問，**東沙群島的棘冠海星爆發，牽涉的是國家整體海洋環境與生態治理，並不是靠幾場民間志工的活動就可以一勞永逸的**。當然，下海「屠棘」可以暫解燃眉之急，但我更期待看到的是政府對於海洋國家公園的長遠規劃。

善用潛水員對於東沙群島的憧憬與好奇，以免費交通船與食宿為號召，徵集志工，當然可以成就雙贏，但是從招募到公布，過程倉促，選才錄取原則又不夠透明。

許多潛水員熱情爭取，最後政府卻以經費為由，以極低的錄取率，讓少數團體前往東沙清除棘冠海星，更多人黯然落榜。

如此臨時、倉促的「搶救東沙珊瑚大作戰」，不但顯見政府決策的短視，頭痛醫頭，腳痛醫腳，更重要的是，這樣的作為，也澆熄了民眾的熱血。

政府當局對於棘冠海星的環境衝擊，如何長遠、釜底抽薪地解決？而棘冠海星的天敵，如大法螺，長期以來遭盜捕，政府卻無法有效立法管控，國家公園法規形同虛設。這些本質性的問題，地方與中央政府又該如何解決？

政府似乎一直想當個誰也不得罪的好人。但是，**當一個國家有了信念，有了值得捍衛的目標，就很難保持鄉愿，很難誰也不得罪**。

在海洋資源日益耗盡的今日，若無霹靂手段，哪能達成有效的成果？

因此，當我收到了海保法通過的明信片時，心中五味雜陳。

那些署名的政府官員、單位，真的有在推動海保法的過程中，盡心盡力了嗎？

大海，依舊面臨了嚴峻的威脅。在那廣袤無垠的湛藍之下，**海洋的心跳微弱得令人心驚**。

未來，台灣政府是否能夠借助於新通過的《海洋保育法》，制定細則，明確規範「海洋保育區」，並且確立執法權責、強度、罰則，真正地改善台灣的海洋生態？

我拭目以待。

【後記二】我那「海底撈」的海廢人生

有時，我會在萬籟無聲的夜裡捫心自問，我為什麼要讓自己那麼辛苦？

倘若我們汙染賴以生存的空氣、水與土壤，並且摧毀自然系統賴以運作的生物多樣性，再多的錢，也拯救不了我們。——David Suzuki，加拿大日裔遺傳學家，環保人士

學會潛水以後，我居然會成為熱衷於清理海廢的「垃圾人」，實在令我始料未及。

剛開始，我只是潛水時，偶爾在海底看到一些寶特瓶、塑膠袋，就隨手撿起來、帶上岸而已。

但後來慢慢發現海底雖然美麗，卻有許多不為人知的角落，經常藏汙納垢，躲了許多垃

圾。由於旅遊潛水都是大家一起出來玩，不可能耽誤潛伴們的時間，專門去撿垃圾，每次都只好望垃圾興嘆。不過，**那個時候，我就暗自下定決心，總有一天要找時間，專門把這些海底垃圾撿乾淨**。

海底怎麼會有這麼多垃圾？

慢慢地，我發覺有許多潛店、團體都會固定舉辦海洋清潔，免費提供氣瓶，讓教練帶隊下海撿垃圾。於是，我開始密集參加各地的潛水淨海活動。

每一次，當我從海底清理出大量垃圾，心中都是一則以喜，一則以憂。喜的是海洋清潔十分有成效，滿載而歸。

令人憂心的是，海底怎麼會有這麼多垃圾，而還沒有被清理上岸的垃圾，還有多少呢？

於是，在我二〇一八年考取潛水教練以後，就開始自己舉辦潛水淨海，帶人一起去「海底撈」。

其實，近年來環保意識逐漸升高，聯合國宣布「永續發展目標」（ＳＤＧｓ），各企業重視「企業社會責任」ＣＳＲ與ＥＳＧ之後，越來越多人投入淨灘以及潛水淨海。

與此同時，海保署成立了「潛海戰將」（我也是其中一員），並且於台灣各地設立「淨海前哨站」，除了定期淨海，也支援民眾淨海活動。

許多縣市政府也都成立「環保潛水隊」，針對當地海域，進行海底清潔。此外，私人企業也陸續成立潛水隊，或是委託潛水店舉辦淨海活動。即使超過休閒潛水的極限深度四十公尺，也有更專業的潛水工程公司，承包政府的標案，進行海底清潔。

更多的垃圾，聚集在休閒潛水員無法到達的深度

也就是，這幾年公民營團體所舉辦的淨灘、淨海蔚為風氣，而且民眾反應相當熱情，海底垃圾的狀況已經有明顯改善。

具有潛水能力的，就下海撿垃圾。不會潛水的麻瓜們，也可以參加淨灘活動，在垃圾進入海洋前，就先清理乾淨。

在許多前輩與熱情人士的努力下，海洋已經比過去乾淨了不少。雖然每年因為洋流、颱風的關係，經常會發生「打回原形」的狀況，許多海域再度充滿垃圾，但是已經比過去改善很多了。

淨海的人變多，海底垃圾減少，於是當我們去淨海時，甚至有船長幽默地提醒大家：「你們這群人不要撿太多啊，留一點垃圾給下一批來淨海的人撿。」

海廢熱點減少，這是好事。只是，更多的垃圾，仍然聚集在休閒潛水員所無法到達的深度，依舊危害著海洋生物，汙染著環境。

雖然舉辦淨海的團體越來越多，但是我自己辦淨海，更能夠明確執行自己所設定的目標，針對特定區域清潔。所以，**無論規模大或小，我依舊固定舉辦淨海活動，以及打擊海廢潛水員訓練**。

每一場淨海，都需要不少經費

每一次辦淨海活動，潛水員都非常熱情。即使是在非假日，也都會有不少人排假參加。因此，我經常跟朋友說，淨海永遠不會缺人手，我們缺的，是錢。

沒錯，簡單粗暴，就是錢。

與淨灘幾乎零成本相比，每一場淨海活動，都需要不少經費。

雖然來參加淨海的潛水員都很有經驗（我的活動規定潛水員需有「進階」證照，並有一百支氣瓶以上的潛水紀錄），並且大部分都自備潛水裝備，不用支出裝備租借費。

但是潛水保險（保額三百萬加三十萬醫療實支實付）、導潛教練費（一位教練最多帶八位潛水員）、氣瓶租借費、潛水船包船費、便當費等，加一加，確實所費不貲。如果淨海的地點是在小琉球、綠島、蘭嶼，還要外加從台灣來回的交通船，費用會更高。

以一趟碧砂漁港的二十位潛水員的船潛海清為例，國泰潛水險保費五千四百二十元，每人兩支氣瓶八千元，便當費兩千元，三位教練導潛費六千元，租借潛水船一艘一萬三千元（海洋清潔優惠價格，非一般「旅遊潛水」費用），**一場活動下來就需要三萬四千四百二十元**。

在此，我也特別說明，其實教練租借潛水裝備、氣瓶、船隻都有教練價，但我都告知業者，按照客報價計算。

主要的原因，是因為我辦這些活動，並不是為了賺取價差。其次，我希望每一次的活動，潛水業者都有合理的利潤。**舉辦活動時不要與業者爭利，這樣才能永續、長久**。

申請海保署的「在地守護」計畫

一開始，我的淨海活動都是由金主贊助。有時是靠熟識的船長優惠，或是地方政府的淨海經費，後來也經常靠認同理念的朋友慷慨解囊。然而，這樣的方式，資金來源不穩定，金額也不多，名副其實的朝不保夕，並非長久之計。

於是，我在二〇二二年底，決定申請海保署的「在地守護」計畫。

如同前面所說，越來越多團體舉辦淨海活動，要能夠有所區隔，就是要在「淨海」之餘，做些不一樣的事情。

於是，我的兩年期計畫中，除了每年舉辦八次海清（包括東北角、墾丁、小琉球、綠島、蘭嶼）以外，更重要的是在淨海的同時，邀請中、小學師生，觀看淨海過程，體驗潛水裝備，同時參與垃圾分類。最後，我們將撿上來的海廢整理乾淨，交由在地藝術家，進行「再利用」，重新賦予海廢新生命。

簡而言之，**我的願景更為龐大一些，除了淨海，還有教育、再利用**。

二〇二三年的八次潛水淨海中，我邀請了新北市的和美國小、澳底國小，台北市的天母國小、北一女中、松山家商、屏東縣的琉球國中、墾丁國小，台東縣的蘭嶼國小、綠島公館國小，總共九所中、小學，一起參與海洋教育與海廢分類活動。

此外，我還邀請無人船海廢清潔與微塑膠監控公司「點點塑」執行長洪以柔小姐、蘭嶼清潔隊隊長張原先生，以及外號「軟絲爺爺」，多年來投入海洋保育的活塞教練進行專題演講，希望將海洋保育、垃圾問題等觀念，帶給社會大眾。

再利用的部分，我有一位學生在綠島開了一間很有藝術氣息的店，叫做「尋海・玻璃」，專門販售由海玻璃製成的首飾。我將淨海時撿到的海玻璃交給她，請她設計一些精美的小飾品，開發聯名商品。

我的目的，除了海廢再利用外，也希望透過這個方式，一方面宣導海洋環境保護理念，一方面也鼓勵學生在綠島在地創業。因此，我們雖提供部分原料，聯名開發，卻並不販售，自然也就沒有抽成獲利了。

獨特的海玻璃

一般的海廢都是又髒又臭，然而海玻璃卻是非常特別的存在。這些玻璃原本是人們所丟棄的玻璃容器，因為在海中撞擊而碎裂，再經過潮來潮往，不斷打磨，形成圓潤、霧面、帶有寶石般色澤的海玻璃。

根據研究，**一顆自然形成的海玻璃需要五十至一百年的醞釀，才能夠產生**。也因此，每顆海玻璃都有著不為人知的歷史與故事。

在潛水過程中發現海玻璃，彷彿是在大海中發現寶石般，充滿驚喜。而海玻璃如此令人著迷，在北美甚至有「國際海玻璃協會」（International Sea Glass Association），且在美國各地舉辦「海玻璃節」（Sea Glass Festival）。

全家開車，從桃園衝到高雄做簡報

二〇二二年年底，我向海保署提出兩年期經費申請。不久後，我接到初審通過的通知，要去高雄進行複審簡報。

當時，我的二女兒才一歲多（註），老婆臨盆在即，但是我們依舊全家開車，從桃園到高雄，專程去做簡報。

三百多公里，帶著幼女，以及再一個月後就是預產期的老婆，只為了實現我的心中，對於海洋的願景，我們衝了。

簡報結束，審查委員告訴我，我的口頭簡報比書面計畫精采多了。

我很開心自己的理念得到認同，但是同時卻有些惆悵，因為我聽聞有其他某些非常努力的團體，計畫卻未獲通過。這些團隊的理念，未必不重要，但卻可能不夠「精采」。那些無法博取審查委員眼球的願景，成為了遺珠之憾。

只是，我也明白，政府補助的資源有限，只能透過書面與口頭報告，來證明重要性，以便贏得補助，這似乎也是沒有辦法的事情。

註：「海龜點點名」中，綠島石朗綠蠵龜，編號 TW02G0130 的「小小彤」，便是以二女兒的名字來命名。

緊湊而高壓的時期

二〇二二年十二月三十一日，我收到了海保署的e-mail通知，兩年期計畫順利通過。只是，有許多地方需要按照審查委員的意見修正。接著，就是一段緊湊而高壓力的時期。

我的小兒子在二〇二三年一月十七日出生，而一月二十二日就是農曆新年。

老婆因為全母乳哺育，必須二十四小時母嬰同室，不太適合住在月子中心，所以決定回家坐月子。而我，理所當然就成了幫老婆坐月子的月嫂了。喔，不，應該說是「月伯」。

我家比較偏僻，又適逢農曆新年。聘請月嫂，卻沒有人願意來，甚至連能夠送月子餐的商家也不多。好不容易找到一家一日三送的月子餐，雖然省去烹飪的麻煩，卻是價格貴、菜色差。老婆吃一次，嫌棄一次。

即使如此，我依舊心存感謝，畢竟這省去了我不少烹飪的麻煩。

兒子出生後，除了餵母乳沒有我的事以外，新生兒拍嗝、排脹氣、幫兩個寶寶洗屁屁、換尿布、洗澡、每天記錄新生兒狀況，就成為了我的例行公事。

此外，我還得幫老婆燉湯、熬發奶茶，為二女兒準備一日三餐，協助老婆哄睡新生兒。全家都睡著之後，還得收拾碗盤、打掃家裡。

所以，我真正能夠工作，修改計畫的時間，往往都是夜闌人靜的深夜。

為了確保老婆需要我協助時，隨時都能支援，我將摺疊桌椅搬進寢室，伴著老婆、寶寶們的呼吸聲，挑燈夜戰，修改計畫。

由於大部分的問題都出在預算金額的修正、精算上，每一次工作過程都相當耗神。而此時只要寶寶哭了，我隨時都必須中斷工作，重新確認尿布是否需要更換，然後安撫、哄睡，以免新生兒將姊姊吵醒。

重新再開始，又得浪費不少時間，將大腦「重開機」……

經過了一個多月的忙碌，我的計畫終於正式通過，可以開始執行了。

我問自己，為什麼要那麼辛苦？

然而，這卻也是真正挑戰的開始。

有時，我會在萬籟無聲的夜裡捫心自問，為什麼要讓自己那麼辛苦？

製造一次性塑膠用品、販賣飲料的廠商，賺取高額的利潤，卻不用負擔回收、處理廢棄物的責任。他們賺錢，我們辛苦下海撿垃圾，實在很不公平。

只是，他們可以不在乎，我卻非常在乎。

每當看著寶寶們熟睡的臉龐，聽著他們天真無邪的笑聲時，我就真心希望等到他們長大，還能夠繼續看見大海的美好。

世界上第一位步行到達南、北兩極的探險家史汪曾說：「我們的星球所面臨的最嚴峻問題，就是我們總以為其他人會拯救地球。」

如果我們都等著別人去做，海洋絕對不會更好。

尤其近年來氣候異常，海水溫度急遽升高，珊瑚白化嚴重，全球「非法、隱瞞不報、未受規範」捕魚（即IUU，包括 illegal, unreported, unregulated fishing）日益猖獗，導致海洋資源迅速匱乏，再加上海洋廢棄物汙染，我們的大海已然奄奄一息。

兩歲多的女兒興奮地說：「I want to be a scuba diver!」（我想成為水肺潛水員！）

二〇二三年十月，我帶全家人到馬爾地夫潛水。兒子、女兒站在船上，看見鬼蝠魟、護士鯊，興奮地大叫。

當時才兩歲多的女兒興奮地說：「I want to be a scuba diver!」（我想成為水肺潛水員！）

我看著她，點點頭，眼眶不禁有點濕潤。

我希望讓孩子親近大自然，培養對於生命的熱愛，也希望他們未來因為熱愛，故而去保護。看見他們對於海洋生物如此興奮，我真的十分欣慰。

然而，這一次到馬爾地夫，當地的整體生態環境已然大不如前。根據導潛的說法，近年來氣候異常，非常難以預測，海洋環境也越來越糟。未來，我真的還能夠帶孩子親眼看見這些美麗的生物嗎？

PADI規定十歲就可以考「開放水域潛水員」（Open Water Diver），到那天，還有八、九年。

希望到了那個時候，大海還能夠如此美麗動人，甚至更加美好，希望……

【後記二】向海洋道別

如果可以早二十年學習潛水，我所看見的海洋，應該更加美麗吧。

大海一旦施展了魔力，就會永遠吸引人們進入那壯麗的網羅之中。——Jacques-Yves Cousteau，水肺潛水發明人之一、海洋學家

當初想要學潛水，是為了向海洋道別。

我讀過不少文獻，有關於「第六次大滅絕」（又稱為「全新世滅絕事件」）正在發生。地球在歷史上曾經發生過五次生物大滅絕，最近的一次，是大約六千五百多萬年前的恐龍絕種。

過去的生物集體滅絕主要是肇因於自然災害，例如巨型隕石撞擊地球，然而**這一次的滅種，卻是因為人類活動所造成**。

過度捕獵、剝削自然資源，再加上環境汙染、棲地破壞與氣候變遷，目前生物滅絕的速度是地球自然進化的一百倍以上。

我二十多年前從《國家地理雜誌》中讀到這個資訊時，**已經有八分之一的鳥類、四分之一的植物滅絕，而每年從地球上消失的生物，超過五萬種**。

許多物種甚至還沒有被人類發現，就可能已經滅絕。

二〇五〇年，海裡的垃圾將會比魚還多

物種滅絕不只發生在陸地，同時也默默發生在海洋。

根據聯合國統計，全球將近百分之九十的魚種已經逼近，甚至低於可以永續生存的數量門檻。Ellen MacArthur Foundation 在二〇一七年提出警告，到了二〇五〇年，海裡的垃圾將會比魚還多。

當閱讀麗莎安．蓋西文所撰寫的《當水母佔據海洋》，得知水母越來越多，而其他海洋生物卻急遽減少時，我簡直震驚得目瞪口呆。

當時我打定主意，一定要在海洋只剩下水母之前，好好親眼見證它的美麗。尚未學潛水前，我心中充滿了對於未知海洋的恐懼與想像。海底是不是一片黑暗呢？我會不會一掉進海裡，就直接下沉，然後上不來了呢？會不會突然有鯊魚突然游過來，咬我一口呢？

當時，我就像大多數人一樣，對於海洋有許多偏差的幻想，而這些幻想曾經阻礙了我認識大海的美麗。

事後想一想，如果可以早二十年學習潛水，我看見的海洋，應該更加美麗吧。

當我鼓起勇氣，實際潛入海中，我才真正大開眼界，深深感到震撼。大海，竟然如此壯麗。陽光穿透澄澈的海水，非但不黑暗，反而非常明亮。

許多潛水員常將世界有名的潛點比喻為「上帝的水族箱」，果然是如此。各種顏色的珊瑚多采多姿，色彩鮮豔的熱帶魚穿梭其間，甚至偶爾可以看見海龜，實在比人工造景的水族箱，還要美麗千百倍。

生活將我們撕成碎片，但大海卻將之拼湊了回來

只要保持中性浮力，就可以輕鬆懸浮在水中，享受彷彿「內太空」（指地球上廣大的藍色

海洋）的無重力狀態。這種完全克服地心引力的感覺，會讓人不自覺地上癮。

我有一位學生，患有輕度的憂鬱症，平時工作壓力讓她喘不過氣，然而當她進入大海的時刻，她感到了前所未有的放鬆，無法形容的幸福感也油然而生。彷彿生活的壓力，就此一掃而空。

我曾經對朋友說，生活將我們撕成了碎片，但大海卻將之拼湊了回來。多年以後，我讀到水肺發明人 Jacques-Yves Cousteau 的一段話：「大海有著驚人的拼湊能力，可以讓破碎的重新完整。」我感到無比激動。

原來，大海給我們的感覺，是如此近似啊。

瑣碎的生活，如同一頭安靜的獸，不斷咬噬著我們的身體與靈魂。然而，當我們因為無數的喜怒哀樂，而感到身體、心靈被撕扯得支離破碎時，美麗的大海卻總能將之拼湊回來，讓我們重新變得完整。

從學會潛水開始，我就不斷地重回大海，**彷彿那個蔚藍的世界才是我的原鄉**。

我不但經常造訪墾丁、小琉球、澎湖、蘭嶼、綠島，同時也潛進許多國外的知名潛點，例如菲律賓的艾妮洛、薄荷島、宿霧，印尼峇里島的土蘭奔、馬來西亞的西巴丹、日本的沖繩，以及帛琉、馬爾地夫，見識了許多人或許一生都看不到的美麗。

地球表面的百分之七十被海洋覆蓋，因此即使我們在陸地上環遊了世界，頂多也只能探索到百分之三十。然而，**潛進大海，卻能將視野拓展到想像不到的領域**。

我曾經在帛琉與蘇眉魚同游，並且趴在海底懸崖邊，欣賞黑尾真鯊，優雅地在我面前梭巡。

我曾經在西巴丹、土蘭奔欣賞成群的隆頭鸚哥魚在清晨覓食，也在馬爾地夫與鯨鯊相遇，並且看著大群的鬼蝠魟伸展著三至五公尺的雙翼，如同飛天魔毯般，在我的身邊無聲掠過。

潛水是一種生活方式，一種品味人生的「慢活」

對我而言，潛水不只是一種戶外活動，同時也是一種生活方式，一種品味人生的「慢活」。每一個潛水員，都夢想造訪世界各地的知名潛點。在風光明媚的海景渡假村或是船上，趁著晨曦，迎接瑰麗的海底生態，下午在泳池邊做日光浴或是享受精油 Spa，然後在落日餘暉中品嘗海景晚餐。晚上則偶爾來支夜潛，在月光下探訪越夜越美麗的海底。然後，三五好友喝點小酒，早早上床睡覺，因為明天還要早起潛水。

人生只有一次，能夠把握有限的時間，多去看看海底的美麗景致，讓我感到人生未曾虛度。

美國知名作家梭羅曾經在《湖濱散記》中提到，大多數的人都活在一種「無聲的絕望」之中，生活一成不變，但一般人卻無能為力改變，因此只好放棄掙扎，消極地變成行屍走肉。因此，梭羅選擇遠離城市，走入森林。藉由這樣的方式，他希望「更加直觀的生活，並且吸取生命的精髓，而不要在生命即將告終之際，發現自己從來不曾活過」。

如果梭羅透過走入森林，感受人生，那麼我便是藉由潛進大海，真實感受到自己的生命，並且療癒自我。

在《天堂潛水員》這本書裡，記錄著作者辭去香港的工作，到澳洲大堡礁打工換照，考取潛水教練，然後去馬爾地夫工作的心路歷程。書的封面有著一段話：「尋找新挑戰，看看自己的靈魂是否還在」，這句話，曾經讓我深受啟發。

數不清的隆頭鸚哥魚遮蔽了日光，從他的上方游過

我很喜歡潛水旅行這樣的生活方式，也醉心於海底的美景。然而，如此動人心魄的景致，的確慢慢消失了。

二〇二三年，我再度造訪馬爾地夫，當地的生態明顯變差了。其實，不只馬爾地夫，許多

地方的海洋環境，也都出現了明顯的變化。

東南亞的海域，因為海水溫度過度升高，白化情形嚴重，許多地方的珊瑚生態系已奄奄一息，瀕臨崩壞。

正如同美國海洋生物學家 Sylvia Earle 所說，她見證了近幾十年來，海洋生態快速崩壞的過程，於是她成立「藍色使命」（Mission Blue）基金會，並且拍攝了同名的紀錄片，向大眾宣導海洋所面臨的危機。

以往在東北角的「望海巷」，可以看到鯨魚噴水

曾經，台灣的海洋也充滿了生命力。東北角的「潮境」因為季節交替、海潮變化，海水富含營養。當地有個稱為「望海巷」的地方，過去可以在那邊看見鯨魚噴水。而墾丁的南灣，過去也曾是捕鯨場，大量抹香鯨在附近海域出沒。

台灣大學海洋研究所的戴昌鳳教授曾說，民國六十八至七十年，墾丁海域有大群的隆頭鸚哥魚。他曾經在海底做紀錄時，突然感到頭頂一黑，抬頭望去，才發現是數不清的隆頭鸚哥魚遮蔽了日光，從他的上方游過。

真的很難想像，台灣的海洋資源竟然曾經如此豐沛，生命力如此旺盛，而如今，看著只剩

小魚，甚至荒涼貧瘠的海底，不禁讓人唏嘘莫名。

雖然在學習潛水前，我就已經有了海洋生態快速枯竭的心理準備，然而當親眼看見一切正以肉眼可見的速度迅速惡化時，我的心情實在五味雜陳。

● ● ●

原本，我只是想向大海道別。**如今，我卻想握住它的手，試著挽留**。

因為，我想讓我的孩子們看見大海的美麗，而這樣的願望，會不會太奢侈呢？

【附錄】潛水安全嗎？

從出生開始，人類就肩負引力的重量而被禁錮在地面，唯有沉入水面之下，才能得到自由。

——Jacques-Yves Cousteau，水肺潛水發明人之一、海洋學家

許多朋友經常問我：「潛水危險嗎？」

當然，潛入深海之中，的確有一定程度的風險，但是在裝備完整，而且訓練扎實的前提下，潛水其實是一項非常安全的戶外運動。因此，我將之稱為「風險控制下的類極限運動」。

潛水基本上分為兩種，一種是自由潛水，另一種則是水肺潛水。前者是指不攜帶任何水下的維生裝備，單純地吸一口氣憋住，然後下潛，而後者，則需要配備完整、精良的潛水裝備。

熱愛自由潛水的人，一方面是喜歡其輕便俐落，只要穿上面鏡、防寒衣（有時甚至只著泳衣）、蛙鞋，就可以潛水。

另一方面，他們熱愛屏息潛水的寧靜感。他們深吸一口氣後，就不會再呼吸，自然也就不會有氣泡聲，水下的世界彷彿也隨之靜止。

自由潛水是最古老、原始的潛水方式。先民經常利用這種方式採集、漁獵，而如今則是許多體格健壯、身材姣好的型男美女們拍攝影片、展現個人風格的管道。

也有一些人，將自由潛水時的屏氣凝神，當作一種冥想的方式，在生命逼近極限時，可以觀照內心，感受無與倫比的平靜。

自由潛水的挑戰，首先在於如何利用僅有的那一口氣，在水下進行耳壓平衡。此外，就是如何克制呼吸衝動了。

當人體內的二氧化碳濃度升高時，身體自然就會產生呼吸的衝動。但此時，其實身體內的氧氣並沒有耗盡，因此只要克制住橫膈膜抽動的呼吸渴望，就可以將閉氣時間大幅延長。

自由潛水最大的危險，身體會逐漸「忘記」呼吸

然而，自由潛水最大的危險，就是在於透過練習、完美克制呼吸欲望後，身體會逐漸「忘記」呼吸，最後在不自覺中失去意識，這也就是所謂的「黑視昏迷」（簡稱ＢＯ）。

很難相信身體會忘記呼吸，對嗎？根據曾經ＢＯ過的朋友分享，失去意識的當下真的是毫無知覺，也不會有任何痛苦，就是直接無預警斷片。

因此，**自由潛水千萬不可以單獨進行，一定要有潛伴**，而且要明確了解自己的極限，這樣才能相互支援。

潛水裝備分為輕裝與重裝

自由潛水的高風險，正是它的致命的吸引力。相形之下，水肺潛水裝備完整，安全性就非常高了。

潛水裝備分為輕裝與重裝兩個部分。所謂的輕裝，包括潛水面鏡、呼吸管、防寒衣、套鞋（亦稱珊瑚鞋）、蛙鞋。穿上輕裝，基本上就可以去浮潛或者自由潛水了。

而重裝則有「浮力控制裝置」（Buoyancy Control Device，簡稱ＢＣＤ）、呼吸調節器、

氣瓶、配重等，配備重裝，就能夠長時間、大深度地潛水。

當人類的眼睛直接接觸水的時候，視線會一片模糊，因此配戴潛水面鏡，可以在眼睛與海水之間形成一個氣體空腔，讓水下的視線通透清晰，得以清楚欣賞海底生物的美麗。

此外，防寒衣可以避免潛水員在水中失溫。即使是在熱帶地區，陸地溫度再高，人體在水中停留的時間太長，仍有可能失溫，因為**在水中體溫散失的速度是在陸地的二十倍**。

再加上有時深度大，或是深海冷流湧升，就會產生水溫遽降的「斜溫層」。這種溫度驟降的環境，對於年長者，或是有心肺疾病的人而言，都是風險。然而，只要穿著防寒衣，就可以大幅降低熱對流，減少身體失溫，確保體溫恆定。

而且當水母等危險生物出現，或是在浪區不慎跌倒時，防寒衣也有良好的隔離、保護效果。

潛水套鞋的構造類似溯溪鞋，鞋底猶如厚厚的菜瓜布，可以讓潛水員在銳利的珊瑚礁（硓咕石）海岸如履平地。

最後，蛙鞋提供了比徒手划水、雙腳踢水更有效率的推進方式，得以對抗較強的海流，因此潛水員完全不需要用手划水，只需要雙腳踢動蛙鞋，就可以輕鬆前進、後退、旋轉了。

「浮力控制裝置」可以如同救生衣般充飽空氣，確保潛水員安全地浮在水面，也可以排出空氣，讓潛水員下潛。

潛水過程中，「浮力控制裝置」可以透過充氣與排氣，微調潛水員的浮力，抵銷一切重量，達到既不沉，也不浮，近乎無重力的中性浮力狀態，讓人享受身處「內太空」的舒暢感受。技術熟練的潛水員可以操控「浮力控制裝置」，配合呼吸，浮沉自如，而且還能夠如同魚兒一般懸浮在水中。紋絲不動，靜靜融入海洋生物之中，成為海洋美景的一部分。

進行水肺潛水時，切忌憋氣

潛水員至少身背一支氣瓶。這支氣瓶裡裝的是空氣，或是氧氣濃度較高的高氧，但絕對不會是純氧。

因為水底的壓力會讓純氧產生毒性，超過水深六公尺，就有可能會導致中樞神經氧中毒。因此，**一般休閒潛水所使用的氣瓶都是裝空氣，而不是氧氣**。報章媒體上經常稱潛水員使用氧氣瓶，一聽就知道是不懂潛水的麻瓜。

潛水員手上配戴著電腦錶，這支錶會監控潛水的深度與時間，透過演算法，推算出免減壓極限，也就是可以在海底潛水的最大安全時間值，**以確保潛水員不會罹患潛水病**。

同時，潛水電腦也會推算氧氣濃度與潛水深度之間的關係，確保潛水員體內的氧分壓在安全值範圍內，不會造成中毒。

最後，透過呼吸調節器，可以正常、自由地呼吸，完全不用閉氣。因此，根本不用擔心自己不擅長閉氣而無法潛水。

事實上，進行水肺潛水時，切忌憋氣。因為當深度產生變化時，水壓也會改變，一旦憋氣，很可能在深度減少，水壓下降時，因為空氣膨脹而撐大肺部，造成肺部過度擴張。

因此，潛水時適合規律、緩慢、深長的呼吸，這是一種放鬆而且紓壓的呼吸方式。我個人感覺很像在水中的瑜伽。

潛水時，全身放鬆，甚至腦袋也會放空

事實上，當人類在潛水時，身體會進入一種哺乳類反射，心跳減緩，全身放鬆，甚至腦袋也會放空。

我有一位學員，長年在桃園機場工作，壓力非常大。她非常喜歡潛水的感覺，身體會不知不覺放鬆，心情也就漸漸舒緩了起來。

有些人愛上潛水，是為了探索美麗的風光，但有些人卻只是單純地喜歡在水裡那種無重

力、放鬆的感覺。

總之，有了輕、重裝的加持，水肺潛水真的是安全且優雅的休閒活動。

我曾經在馬來西亞的西巴丹，斷崖深度達數百公尺的海溝中潛水。只要控制好浮力，就可以享受馮虛御風的無重力感。下方是深不見底的深淵，我們就好像身著飛鼠裝的特技人員。但不同的是，潛水員不用冒著生命危險在空中高速翱翔，而是毫不費力地踢動雙腳，以流線型順暢地游動。

如果面鏡進水了，該怎麼辦？

當然，只要是裝備，就有異常的可能，因此「開放水域潛水員」（Open Water Diver）這張國際證照，就是在訓練潛水員善用裝備，並且面臨突發狀況時，具有保護自己安全的基本能力。

例如，倘若在深海中，面鏡進水了，怎麼辦？

其實這並不是十分嚴重的狀況，只要學會面鏡排水，就可以從容地從嘴巴吸氣，然後鼻子吐氣，將面鏡裡面的水排出，繼續愉快地潛水。

與游泳的蛙鏡不同，潛水面鏡都有鼻袋這個裝置。這是因為潛水時一旦面鏡進水，就需要壓住面鏡上緣，頭抬高，利用嘴吸鼻呼的連貫動作，來清除面鏡內的積水。

此外，隨著深度增加，水壓會壓迫耳膜。為了避免造成疼痛，潛水員可以捏住鼻袋，閉住鼻孔，透過嘴巴，向耳咽管吹氣，協助雙耳平衡壓力。而且水壓也可能擠壓面鏡，導致面鏡直接壓迫額頭或是鼻梁。

此時，只要以鼻子適度吐氣，就可以平衡面鏡內外的壓力，讓潛水重新變得舒適、愉快。

「面鏡排水」是大魔王

當然，「面鏡排水」這個動作，對於不少初學潛水的人而言是個大魔王，很多人都在這個步驟卡關。

我遇過不少學員習慣口鼻同時呼吸。他們無法一邊用嘴巴呼吸，一邊將鼻子閉氣。口鼻同時呼吸這個習慣在陸地上沒有太大影響，但是在潛水時，只要面鏡進水，鼻子吸氣就會嗆水。所以潛水時，嘴巴呼吸，鼻子只能呼氣，絕對不能跟著吸。

有些人雖然可以鼻子閉氣，但是嘴巴吸氣後，可能是怕鼻子進水，不敢用鼻子呼氣，導致只有嘴巴吐氣，所以儘管咕嚕咕嚕地冒氣泡，但是面鏡裡面的積水一點兒也沒有減少。

遇到這些狀況，我都要花很多時間指導，才能透過不斷地練習，矯正學員的習慣。

此外，面鏡排水分為部分面鏡排水、全面鏡排水與面鏡脫著三種。第一種是面鏡進水一半，第二種是全部進水，而最後一種，也是最困難的一種，是在水中將面鏡整個脫掉，然後再戴回臉上，再進行排水。

有些人雖然在戴著面鏡時都可以順利排水，但是只要一脫掉面鏡，就感到無比恐慌，無法順利完成動作。

我曾經遇過一位學員，原本在游泳池訓練時都沒問題，但是在深海裡練習時，一脫掉面鏡就緊緊地閉著雙眼，捏住鼻子，死也不放開。

試想，她緊捏住鼻子，要如何把面鏡戴回臉上，而她的雙眼緊閉，又看不見我的手勢，在海底，也無法說話溝通，要如何安撫她，順利戴回面鏡，這真的是太為難了。

其實，只要調節器還在口中，空氣供應就源源不斷。能夠正常呼吸，就不用擔心危險。此時，只要從容地將面鏡摘除，不用鼻子吸氣，就不會嗆水，水也不會鑽進鼻孔裡。

如果感覺緊張，就閉上雙眼，慢慢整理好面鏡，戴回臉上，再進行全面進排水即可。**在水中，切忌緊張、恐慌，只要緩慢、從容，做對每一個動作，就可以確保安全。**

潛水不宜單獨進行，至少兩人互為「潛伴」下水

大部分時候，潛水的危險不是出在裝備，而是因為心理恐慌、害怕而出現誤判、失誤。因此潛水時，務必保持冷靜，做出正確的判斷。

而我在教潛水時，也經常覺得自己不只是在教潛水，同時也是在安撫學員的心理，讓他們克服心中的「魔障」。因為**水肺潛水**的裝備完整，**真正的危險往往不是發生在客觀的環境，而是主觀的心理之上**。

大多時候，潛水都不宜單獨進行，至少必須兩人互為「潛伴」下水。PADI有一項專長是獨行俠潛水員，就是訓練潛水員如何在一些偏遠、找不到潛伴的地區安全潛水。

除了上述這種特殊狀況之外，有潛伴一起下水，不但安全，而且也能夠交到「出生入死」的好朋友。

標準潛水員的調節器上都有「備用二級頭」，通常是在潛伴的空氣即將耗盡時，兩個人暫時共用一個氣瓶，然後在安全的前提下緩緩出水。

有時候當潛水員的「主用二級頭」出現狀況時，也可以自己拿備用的來應援。由此可知，潛水的主要維生裝備，都有很多的安全機制與備用方案，基本上是相當安全的。

潛水時，與潛伴失散，怎麼辦？

在潛水時，可能會因為能見度太差，而導致與潛伴失散，此時就要**啟動「一分鐘緊急程序」**。

一旦發現失散，無須驚慌，**潛水員應該立即停止動作，原地等候教練或是導潛回頭尋找**，千萬不要在海底漫無目的地亂游。

如果在原地等候一分鐘，都還沒有與潛伴重聚，這也不是什麼嚴重的事情，別忘了，大海是「開放水域」，只要緩緩浮出水面，「浮力控制裝置」充氣，建立正浮力，就沒有立即性的危險了。而其他人發現有人失散，按照緊急程序，浮出水面，雙方都可以順利找到彼此。

需要注意的是，由於上浮時水壓會降低，溶入血液中的氮氣可能會逸出，形成泡泡，有點類似開瓶後的汽水。上升速度越快，壓力下降也就越快，導致血液中的氣泡更快釋出。

這些氣泡對身體會產生一定的衝擊，所以一定要慢慢上浮，不要因為緊張而急著浮出水面，**每分鐘的上升速度不要超過十八公尺**，或者可以注意上升的氣泡，速度絕對不要比氣泡快即可。

此外，一旦與潛伴失散，在水底等候的時間頂多一分鐘，可以利用手腕上的電腦錶計時，時間一到就上浮，千萬不要一直待在水底。

一方面隨著深度增加，耗氣量也會變高。長時間待在水底，可能會有空氣耗盡的風險。

其次，不浮上水面與潛伴會合，大家就無法確定失散的潛水員是否安全，是否需要報警、救護。因此，只要一發現失散，就應該切實按照準則，浮出水面會合。

如墜冰窖的恐怖經驗

曾經有一次，我在帶夜潛時，有位女學員失散了。當天的能見度本來就不太好，又是在夜間，我們與另一個團隊垂直相遇，然後擦身而過，就在此時，跟在最後面的潛水員就跟錯團了。

雖然伸手不見五指，但是透過手電筒的光束，我很快就發現少了一個人，我當場真的是如墜冰窖。

我回頭找尋學員，並且開始計時，但是因為當天水下的人實在不少，一時半刻很難找到她。

於是，我啟動了一分鐘緊急程序，並且暗暗祈禱，這位學員還記得我在上課時不斷耳提面命的話。

大家浮出水面後，我開始清點人數。沒錯，少一個人……我們在水面等候了好一陣子，但失散的學員都沒有浮出水面。

大家都非常擔心，我只好帶著其他人先上岸，焦急地等候。

越是熟練的潛水員，越有可能忽略基本程序

我推測這位學員應該是跟錯團了，而且下水前裝備都經過檢查，應該沒有立即危險，因此沒有報警，只是在岸邊眺望。

大海撈針難，在漆黑的海裡找一個人，更是困難。與其漫無目的地尋找，不如先在岸邊等待。

等候的半個多小時，我真的如同熱鍋上的螞蟻，只能祈禱一切平安。終於，失散的學員跟著另一團潛水員上岸了，大家才放下心來。

我問她：「你知道你跟錯團了嗎？」

「我知道，但是我想跟著他們，應該比較安全。」她回答。

「你還記得一分鐘緊急程序嗎？因為如果你不浮出水面，我們不知道你是否平安，也不知道是否需要報警。如果你真的需要救援，這樣反而更危險！」我提醒她。

她低下頭，點了幾下。

那天，一切平安，真的是萬幸。然而很多突發狀況的發生，就是在於沒有遵守潛水訓練時的基本程序。

越是熟練的潛水員，越有可能忽略基本程序。然而這些程序，其實都是確保潛水安全的防線。

安全是自己的責任，而非教練、潛伴的責任

每一位合格的潛水員，在上課時都會學到「安全是自己的責任」的觀念，然而，在台灣，有很多人似乎總認為維護自身安全，是教練，甚至潛伴的責任。

平時裝備不清洗，也不保養，卡沙、卡鹽，甚至生鏽、發霉，也不在意。他們對於潛水安全的觀念十分薄弱，卻又喜歡追求刺激，專挑浪大、流強、深度大的環境下水。

對大自然缺乏敬畏，對自身裝備、能力又不夠了解，一旦出事了，就將責任怪罪在教練、導潛身上。如此一來，實在害人害己。

其實，只要定期保養裝備，修正安全觀念，並且確實學習各項潛水技巧，水肺潛水真的是一項既安全又有趣的休閒活動。

人生在世，充滿了許多羈絆與枷鎖，形成了各種壓力，甚至連地心引力都是。而唯有潛進大海，我們才能釋放心靈的枷鎖，同時享受無重力的自由。

這麼有趣的活動，不來試試看嗎？

國家圖書館預行編目資料

海洋在哭：一位教授的潛水淨海行動／陳徵蔚作.——初版.——臺北市；寶瓶文化事業股份有限公司,2025.02
面；　公分,——（Vision；268）
ISBN 978-986-406-456-4（平裝）
1.CST: 海洋汙染 2.CST: 海洋環境保護 3.CST: 環境教育
351.9　　113020800

Vision 268

海洋在哭——一位教授的潛水淨海行動

作者／陳徵蔚
副總編輯／張純玲

發行人／張寶琴
社長兼總編輯／朱亞君
主編／丁慧瑋　編輯／林婕伃・李祉萱
美術主編／林慧雯
校對／張純玲・劉素芬・陳佩伶・陳徵蔚
營銷部主任／林歆婕　業務專員／林裕翔　企劃專員／顏靖玟
財務／莊玉萍
出版者／寶瓶文化事業股份有限公司
地址／台北市110信義區基隆路一段180號8樓
電話／(02)27494988 傳真／(02)27495072
郵政劃撥／19446403 寶瓶文化事業股份有限公司
印刷廠／世和印製企業有限公司
總經銷／大和書報圖書股份有限公司　電話／(02)89902588
地址／新北市新莊區五工五路2號　傳真／(02)22997900
E-mail／aquarius@udngroup.com

著作完成日期／二〇二四年十二月
初版一刷日期／二〇二五年二月
初版二刷日期／二〇二五年二月十日
ISBN／978-986-406-456-4
定價／三八〇元

寶瓶文化·愛書人卡

感謝您熱心的為我們填寫，對您的意見，我們會認真的加以參考，
希望寶瓶文化推出的每一本書，都能得到您的肯定與永遠的支持。

系列：Vision 268 書名：海洋在哭——一位教授的潛水淨海行動

1. 姓名：＿＿＿＿＿＿＿＿＿＿ 性別：□男 □女
2. 生日：＿＿年＿＿月＿＿日
3. 教育程度：□大學以上 □大學 □專科 □高中、高職 □高中職以下
4. 職業：＿＿＿＿＿＿＿
5. 聯絡地址：＿＿＿＿＿＿＿＿＿＿＿＿＿＿＿＿＿＿＿＿

   聯絡電話：＿＿＿＿＿＿＿＿＿＿＿＿＿＿
6. E-mail信箱：＿＿＿＿＿＿＿＿＿＿＿＿＿＿

   □同意 □不同意 免費獲得寶瓶文化叢書訊息
7. 購買日期：＿＿ 年 ＿＿ 月 ＿＿日
8. 您得知本書的管道：□報紙／雜誌 □電視／電台 □親友介紹 □逛書店 □網路 □傳單／海報 □廣告 □瓶中書電子報 □其他
9. 您在哪裡買到本書：□書店，店名＿＿＿＿＿＿＿＿＿＿ □劃撥

   □現場活動 □贈書

   □網路購書，網站名稱：＿＿＿＿＿＿＿＿ □其他＿＿＿＿＿＿＿＿
10. 對本書的建議：＿＿＿＿＿＿＿＿＿＿＿＿＿＿＿＿＿＿＿＿

11.希望我們未來出版哪一類的書籍：

亦可用線上表單。

（請沿此虛線剪下）

寶瓶 讓文字與書寫的聲音大鳴大放

寶瓶文化事業股份有限公司

廣　告　回　函
北區郵政管理局登記
證北台字15345號
免貼郵票

寶瓶文化事業股份有限公司　收

110台北市信義區基隆路一段180號8樓

8F,180 KEELUNG RD.,SEC.1,

TAIPEI.(110)TAIWAN R.O.C.

（請沿虛線對折後寄回，或傳真至02-27495072。謝謝）